化学基礎

の点数が面白いほどとれる

JN021622

*本書には、「赤色チェックシート」が付いています。

はじめに

　大学入学共通テスト（以下，共通テスト）では，「知識・技能」に加え，「思考力・判断力・表現力」を発揮して解くことが求められる問題を重視する，と発表されています。この点のみが先行し，共通テストは難しくなるから大変だ，という意見をよく聞きます。本当に大変になるのでしょうか。試行調査を見る限りでは，センター試験と出題形式が大きく変わりましたが，各設問の内容は，そのほとんどがセンター試験と同等のレベルです。あえて言えば，リード文から必要な情報を抽出する必要のある設問がある分だけ，やや難しく感じるかもしれませんが，センター試験の問題を解く能力さえ身につけていれば，情報の抽出は容易にできます。

　また，共通テストでは，センター試験における良問の蓄積を受け継ぎつつ問題を作成することも発表されています。したがって，過去のセンター試験の出題に基づいた学習は，非常に効果的と思われます。

　本書の一問一答は，化学用語や現象，計算公式を単に確認するものではなく，センター試験での出題の特徴を把握しながら，必要な化学用語や現象を押さえ，さらに，計算技能の習得ができるように問題をセレクトしています。

　正誤判定問題では，本番で出題される「誤りを含むものを一つ選べ」などの形式ではなく，選択肢を一つずつ判定する形式を中心としました。これにより，一つひとつの内容をより正しく理解し，本番での紛らわしい選択肢に引っかけられることがなくなるでしょう。正誤判定問題，用語や物質などを選択する問題は，通学時間や休み時間などの少し空いた時間にも学習できます。知識を確実なものにしましょう。

計算問題は，単元毎に，易しめの問題からスタートし，段階的に難度が上がるように配列しました。最後の方の問題では応用力を要しますが，過去のセンター試験のレベルを超えるようなものは扱っていません。計算問題は，正誤判定問題などと違って，少しの空いた時間では学習しにくいと思います。紙と鉛筆を用意し，自分で計算式を書きながら解いてみましょう。計算過程の意味を理解しながら学習することにより，応用力が身につきます。

　この一冊で，共通テストで必要とされる知識・技能を確実に身につけることができるように問題を掲載しました。受験生の学力アップに役立てば幸いです。

　本書を手にとったすべての受験生が，共通テストで高得点を取れることを願っています。

西　章嘉

※ 問題では，計算に必要な原子量を設問ごとには与えていません。
　（共通テストの本番でも，原子量は問題の冒頭にまとめられています）

必要があれば，原子量は次の数値を使ってください。							
H	1.0	C	12	N	14	O	16
Ne	20	Na	23	S	32	Cl	35.5
Ar	40	Ca	40	Cu	64	Zn	65
Ag	108	Sn	119	Ba	137		

CONTENTS

第Ⅰ章　物質の構成

1 ｜ 純物質と混合物

2 ｜ 物質の構成元素

3 ｜ 物質の三態，熱運動

4 ｜ 原子，イオンの構造

5 ｜ 元素の周期律

6 ｜ イオン結合

第Ⅲ章　化学と人間生活

1 ｜ 化学と人間生活

第Ⅳ章　実　　験

1 ｜ 実　　験

本文デザイン／齋藤友希（トリスケッチ部）

本書の特長と使い方

過去問にもとづく設問

共通テストで必要とされる知識や計算技能を確実に身につけることができる「設問」をセレクトしました。共通テストの良問はくり返し出題されますので、効果的に学習することができます。

選択肢そのものが「一問一答」になった肢別式一問一答

正誤問題は、あやふやな知識では解けません。共通テストで出題される基礎知識が身につくように、選択肢そのものを「一問一答」形式にしました。「○×」問題、複数個の正解を選ぶ問題など、共通テスト独特の対策もこれでバッチリです。

計算問題は、基本事項や公式をきちんと理解していれば解ける簡単な問題から、少し応用力が必要になる問題まで、過去のセンター試験レベルの問題を集め、計算力が身につくようになっています。

第Ⅰ章　物質の構成

1　純物質と混合物

1　純物質と混合物

1. 純物質であるものを、次の① 〜 ⑧のうちから二つ選べ。
① 石　油　　② 海　水　　③ 炭酸水
④ 白　金　　⑤ 空　気　　⑥ ドライアイス
⑦ 食　酢　　⑧ 塩　酸

□ **2.**（○×）　塩化ナトリウム水溶液の沸点は、濃度によらず一定である。

□ **3.**（○×）　空気中に含まれる主な成分は、多い順に、窒素＞酸素＞二酸化炭素＞アルゴンである。

□ **4.**　純粋なエタノール C_2H_6O 9.2 g 中に含まれる分子数はいくつか。有効数字2桁で答えよ。ただし、アボガドロ定数を 6.0×10^{23}/mol とする。

本書は、共通テスト「化学基礎」で必要な知識が網羅された、「一問一答型問題集」です。

過去に出題された問題をもとにした「設問」と、知っておくべき頻出語句を含んだ「解説」で、共通テスト「化学基礎」の知識は完璧になります。

🔍 解答・ポイント

□ **1.** 解答 ④, ⑤

> 純物質 …… 1種類の物質のみでできたもの
> 混合物 …… 2種類以上の純物質が混じったもの

④ Pt, ⑤ CO_2 が純物質である。①は種々の炭化水素が、⑤は N_2, O_2 などが混じったものであり混合物である。②, ③, ⑦, ⑧は水溶液であり、これらは混合物である。なお、それぞれ水に②NaClなど、③CO_2, ⑦CH_3COOHなど、⑧HClが混じっている。

□ **2.** 解答 ✕ 混合物の沸点は、その組成により変化する。

> **純物質では、その物質ごとに沸点や融点が一定の値となる。** 例えば、水の沸点は100℃で一定である。一方、**混合物では、混合している物質の種類やその割合によって沸点や融点が変化する。**

なお、塩化ナトリウム水溶液の沸点は100℃より高く、濃度が大きいほど、沸点が高くなることが知られている。

□ **3.** 解答 ✕ 空気の主な成分は、多い順に $N_2 > O_2 > Ar > CO_2$ である。

> 空気の組成(体積パーセント)は、N_2(78.1%), O_2(20.9%), Ar(0.93%), CO_2(0.04%), Ne(0.0018%), …である。

□ **4.** 解答 $1.2×10^{23}$ 個

エタノール C_2H_6O(分子量 46) 9.2 g の物質量は、

$$\frac{9.2 \text{ g}}{46 \text{ g/mol}} = 0.20 \text{ mol}$$

これに含まれる分子数は、

$$6.0×10^{23} \text{/mol} × 0.20 \text{ mol} = 1.2×10^{23}$$

🔍 解答・ポイント

解説で重要用語は赤太字に、問題を解くうえでポイントになる文章は黒太字＋下線になっています。間違えた問題は解説をよく読んでおきましょう。

計算問題では、答えが合うだけで満足せず、計算過程もあっているかどうか、確認しておきましょう。類似問題が出たときに効果が発揮されます。

また、第4章では、実験器具や操作の手順を問う問題をセレクトしました。盲点にならないように、最後まで取り組んでください。

共通テストこそ，
一問一答が重要！

共通テストとセンター試験の相違点・類似点

　共通テストは，特定の題材・テーマに関する大問または中問形式の問題であり，リード文を読んだ上で，それに関連する設問に解答する形式になります。これは，独立した小問集合形式の問題であったセンター試験から大きく変化した点です。

　しかし，「化学基礎」の試験であることに変わりはなく，**基本的な知識・技能があれば解答できる**設問がほとんどです。実際，試行調査では，全設問12のうち7問は，リード文を読まなくても解答できる内容であり，小問集合形式のセンター試験と同じです。残りの設問のうち4問は，**リード文から必要な情報を抽出する力が要求されましたが，基本的な知識・技能があれば難しいものではありません**。受験生にとって初見の内容に関するリード文もありましたが，それを理解した上で解答する必要のある設問は1問だけでした。

本書の一問一答で十分に対策可能

　本書は，センター試験の過去の問題を分析した上で，**知識・技能を身につけるために必要十分な問題を掲載しています**。また，センター試験でも思考力を要する問題は出題されており，そのような問題も掲載しています。

　出題形式だけを見て，共通テストの対策は，これまでのセンター試験の対策とは異なるのでは，と不安になる受験生もいるでしょうが，**一つひとつの基本的な知識・技能を身につけ，センター試験の小問集合形式の問題を解答できる実力があれば，共通テストでも，十分に高得点を目指すことができます**。この点を，試行調査の問題とともに見ていきましょう。

問 題 1

　ヒトのからだは，成人で体重の約 60 ％ を水が占めており，体重 50 kg の人なら約 30 L の水が体内に存在する。こうした水によって，生命活動に必要な電解質の濃度が維持されている。また，点滴などに用いられている生理食塩水は，塩化ナトリウムを水に溶かしたもので，ヒトの体液と塩分濃度がほぼ等しい水溶液であり，10 mL の生理食塩水にはナトリウムイオンが 35 mg 含まれている。一方，ヒトは 1 日あたり約 2 L の水を体外に排出するので，それを食物や飲料などで補給している。

問1　1.0 L の生理食塩水に含まれるナトリウムイオンの物質量は何 mol か。最も適当な数値を，次の ① 〜 ④ のうちから一つ選べ。
① 0.060　　② 0.10　　③ 0.15　　④ 0.35

問2　生理食塩水に関する記述として**誤りを含むもの**を，次の ① 〜 ④ のうちから一つ選べ。
① 純粋な水と同じ温度で凍る。
② 硝酸銀水溶液を加えると，白色の沈殿を生じる。
③ ナトリウムイオンと塩化物イオンの数は等しい。
④ 黄色の炎色反応を示す。

（試行調査 第1問 問1・問2）

解答　問1 ③　　問2 ①

解説

　共通テストの作成方針の一つに，日常生活や社会との関連を考慮する点があげられています。この問題は，身近な物質である水をテーマとした文章を読んだ上で，それに関連する設問に解答する内容です。リード文を丁寧に読むと，解答時間が不足するおそれがありますので，**先に設問を見た上で，どの情報が必要かを判断しましょう。**

問1　共通テストの特徴である，リード文から必要な情報を抽出する問題です。内容的には，基本的な物質量の計算ができれば解答できます。　**→ P.100**
　リード文の「10 mL の生理食塩水にはナトリウムイオンが 35 mg 含まれている」から，1.0 L（1000 mL）の生理食塩水に含まれる Na^+ の質量は，

$$0.035 \text{ g} \times \frac{1000 \text{ mL}}{10 \text{ mL}} = 3.5 \text{ g}$$

その物質量は，$\dfrac{3.5 \text{ g}}{23 \text{ g/mol}} = 0.152 \text{ mol} \fallingdotseq 0.15 \text{ mol}$

問2　食塩水が塩化ナトリウム水溶液であることは知っているため，リード文を読まなくても解答できる問題です。

　センター試験で頻出であった正誤判定問題は，共通テストでも引き続き出題されます。

① 　誤り。混合物の沸点や融点は，混合している物質の種類やその割合によって変化する。純粋な水の凝固点は 0 ℃であるが，混合物である生理食塩水の凝固点は 0 ℃ではない。　　　　　　　　　　　　　　　　　　　　**→ P.18**

② 　正しい。生理食塩水には塩化物イオン Cl^- が含まれるので，硝酸銀 $AgNO_3$ 水溶液を加えると，塩化銀 $AgCl$ の白色沈殿が生じる。　　　　　　**→ P.24**

③ 　正しい。塩化ナトリウムの組成式は $NaCl$ であり，生理食塩水中の Na^+ と Cl^- の数は等しい。　　　　　　　　　　　　　　　　　　　　　　**→ P.46**

④ 　正しい。生理食塩水には Na^+ が含まれるので，黄色の炎色反応を示す。　　　　　　　　　　　　　　　　　　　　　　　　　　　　　　　　**→ P.24**

学校の授業で，ある高校生がトイレ用洗浄剤に含まれる塩化水素の濃度を中和滴定により求めた。次に示したものは，その実験報告書の一部である。

「まぜるな危険 酸性タイプ」の洗浄剤に含まれる塩化水素濃度の測定

【目的】
　トイレ用洗浄剤のラベルに「まぜるな危険 酸性タイプ」と表示があった。このトイレ用洗浄剤は塩化水素を約 10 ％ 含むことがわかっている。この洗浄剤(以下「試料」という)を水酸化ナトリウム水溶液で中和滴定し，塩化水素の濃度を正確に求める。

【試料の希釈】
　滴定に際して，試料の希釈が必要かを検討した。塩化水素の分子量は 36.5 なので，試料の密度を 1 g/cm³ と仮定すると，試料中の塩化水素のモル濃度は約 3 mol/L である。この濃度では，約 0.1 mol/L の水酸化ナトリウム水溶液を用いて中和滴定を行うには濃すぎるので，試料を希釈することとした。試料の希釈溶液 10 mL に，約 0.1 mol/L の水酸化ナトリウム水溶液を 15 mL 程度加えたときに中和点となるようにするには，試料を ア 倍に希釈するとよい。

【実験操作】
1. 試料 10.0 mL を，ホールピペットを用いてはかり取り，その質量を求めた。
2. 試料を，メスフラスコを用いて正確に ア 倍に希釈した。
3. この希釈溶液 10.0 mL を，ホールピペットを用いて正確にはかり取り，コニカルビーカーに入れ，フェノールフタレイン溶液を 2，3 滴加えた。
4. ビュレットから 0.103 mol/L の水酸化ナトリウム水溶液を少しずつ滴下し，赤色が消えなくなった点を中和点とし，加えた水酸化ナトリウム水溶液の体積を求めた。
5. 3 と 4 の操作を，さらにあと 2 回繰り返した。

【結果】
〜以下略〜

問1 ア に当てはまる数値として最も適当なものを，次の ① ～ ⑤ のうちから一つ選べ。

① 2　　② 5　　③ 10　　④ 20　　④ 50

問2 別の生徒がこの実験を行ったところ，水酸化ナトリウム水溶液の滴下量が，正しい量より大きくなることがあった。どのような原因が考えられるか。最も適当なものを，次の ① ～ ③ のうちから一つ選べ。

① 実験操作3で使用したホールピペットが水でぬれていた。
② 実験操作3で使用したコニカルビーカーが水でぬれていた。
③ 実験操作4で滴定開始前にビュレットの先端部分にあった空気が滴定の途中でぬけた。

問4 この「酸性タイプ」の洗浄剤と，次亜塩素酸ナトリウム NaClO を含む「まぜるな危険 塩素系」の表示のある洗浄剤を混合してはいけない。これは，式(1)のように弱酸である次亜塩素酸 HClO が生成し，さらに式(2)のように次亜塩素酸が塩酸と反応して，有毒な塩素が発生するためである。

$$NaClO + HCl \longrightarrow NaCl + HClO \qquad (1)$$
$$HClO + HCl \longrightarrow Cl_2 + H_2O \qquad (2)$$

式(1)の反応と類似性が最も高い反応はあ～うのうちのどれか。また，その反応を選んだ根拠となる類似性は**a**，**b**のどちらか。反応と類似性の組合せとして最も適当なものを，下の ① ～ ⑥ のうちから一つ選べ。

【反応】

あ 過酸化水素水に酸化マンガン(IV)を加えると気体が発生した。

い 酢酸ナトリウムに希硫酸を加えると刺激臭がした。

う 亜鉛に希塩酸を加えると気体が発生した。

【類似性】

a 弱酸の塩と強酸の反応である。

b 酸化還元反応である。

	反応	類似性
①	あ	a
②	あ	b
③	い	a
④	い	b
⑤	う	a
⑥	う	b

（試行調査 第3問 一部略）

解答 問1 ④ 問2 ③ 問4 ③

解説

　中和滴定に関する実験報告書をもとに解答する内容であり，解答に必要な数値を実験報告書から抽出・整理する必要があります。

問1 実験準備段階での試料の希釈倍率を考える，思考力を要する問題です。中和反応の量的関係，試料の希釈倍率に関する基本的な技能をもとに考えましょう。

➡ **P.108, 124, 128**

　試料中の塩化水素 HCl のモル濃度は約 3 mol/L であり，これを n 倍に希釈すると，HCl のモル濃度は約 $\dfrac{3}{n}$ mol/L となる。この希釈溶液 10 mL に，約 0.1 mol/L 水酸化ナトリウム NaOH 水溶液を 15 mL 程度加えたときに中和点になるようにしたい。

　HCl は 1 価の酸，NaOH は 1 価の塩基なので，「酸の価数×酸の物質量＝塩基の価数×塩基の物質量」より，

$$1 \times \dfrac{3}{n} \text{(mol/L)} \times \dfrac{10}{1000}\text{ L} \fallingdotseq 1 \times 0.1\text{ mol/L} \times \dfrac{15}{1000}\text{ L} \qquad n \fallingdotseq 20$$

問2 実験器具の扱いに関する問題です。知識を整理できていれば解答できます。 ➡ **P.82, 128**

① ホールピペットが水でぬれていると，はかりとった溶液中の HCl の物質量が少なくなるので，中和に要する NaOH 水溶液の滴下量は小さくなる。

② コニカルビーカーが水でぬれていても，溶液中の HCl の物質量は変わらないので，中和に要する NaOH 水溶液の滴下量も変わらない。

③ ビュレットの先端部分にあった空気が滴定の途中でぬけると，先端部分にあった空気の体積分だけ，ビュレットの読みは大きくなる。すなわち，NaOH 水溶液の滴下量は大きく測定される。

問4 リード文を読まなくても解答できる内容です。化学反応は，中和反応，酸化還元反応，沈殿生成反応など，種々の理論をもとに起こっています。この問題は，反応がどのような理論をもとに起こっているかを判断する内容です。

　式(1)の反応について，次亜塩素酸 HClO は弱酸，塩化水素 HCl は強酸なので，弱酸の塩（NaClO）と強酸が反応して，弱酸ができる反応（弱酸の遊離）である。 ➡ **P.78**

　反応 **あ〜う** のうち，**い** が弱酸の遊離である（弱酸である酢酸の塩 CH₃COONa に強酸である H₂SO₄ を加え，弱酸である CH₃COOH（刺激臭）が生じている）。なお，**あ** と **う** は酸化数が変化しており，酸化還元反応である。

➡ **P.86, 88, 90**

元素の周期表

*2020年10月現在

凡例：
原子番号 → 1 ← 元素記号
原子量 → 1.0
H
水素 ← 元素名

: 気体　: 液体　他は固体

族	1	2	3	4	5	6	7	8	9	10	11	12	13	14	15	16	17	18
1	1 H 1.0 水素																	2 He 4.0 ヘリウム
2	3 Li 6.9 リチウム	4 Be 9.0 ベリリウム											5 B 10.8 ホウ素	6 C 12.0 炭素	7 N 14.0 窒素	8 O 16.0 酸素	9 F 19.0 フッ素	10 Ne 20.2 ネオン
3	11 Na 23.0 ナトリウム	12 Mg 24.3 マグネシウム											13 Al 27.0 アルミニウム	14 Si 28.1 ケイ素	15 P 31.0 リン	16 S 32.1 硫黄	17 Cl 35.5 塩素	18 Ar 39.9 アルゴン
4	19 K 39.1 カリウム	20 Ca 40.1 カルシウム	21 Sc 45.0 スカンジウム	22 Ti 47.9 チタン	23 V 50.9 バナジウム	24 Cr 52.0 クロム	25 Mn 54.9 マンガン	26 Fe 55.8 鉄	27 Co 58.9 コバルト	28 Ni 58.7 ニッケル	29 Cu 63.5 銅	30 Zn 65.4 亜鉛	31 Ga 69.7 ガリウム	32 Ge 72.6 ゲルマニウム	33 As 74.9 ヒ素	34 Se 79.0 セレン	35 Br 79.9 臭素	36 Kr 83.8 クリプトン
5	37 Rb 85.5 ルビジウム	38 Sr 87.6 ストロンチウム	39 Y 88.9 イットリウム	40 Zr 91.2 ジルコニウム	41 Nb 92.9 ニオブ	42 Mo 96.0 モリブデン	43 Tc [99] テクネチウム	44 Ru 101.1 ルテニウム	45 Rh 102.9 ロジウム	46 Pd 106.4 パラジウム	47 Ag 107.9 銀	48 Cd 112.4 カドミウム	49 In 114.8 インジウム	50 Sn 118.7 スズ	51 Sb 121.8 アンチモン	52 Te 127.6 テルル	53 I 126.9 ヨウ素	54 Xe 131.3 キセノン
6	55 Cs 132.9 セシウム	56 Ba 137.3 バリウム	57-71 ランタノイド	72 Hf 178.5 ハフニウム	73 Ta 180.9 タンタル	74 W 183.8 タングステン	75 Re 186.2 レニウム	76 Os 190.2 オスミウム	77 Ir 192.2 イリジウム	78 Pt 195.1 白金	79 Au 197.0 金	80 Hg 200.6 水銀	81 Tl 204.4 タリウム	82 Pb 207.2 鉛	83 Bi 209.0 ビスマス	84 Po [210] ポロニウム	85 At [210] アスタチン	86 Rn [222] ラドン
7	87 Fr [223] フランシウム	88 Ra [226] ラジウム	89-103 アクチノイド	104 Rf [267] ラザホージウム	105 Db [268] ドブニウム	106 Sg [271] シーボーギウム	107 Bh [272] ボーリウム	108 Hs [277] ハッシウム	109 Mt [276] マイトネリウム	110 Ds [281] ダームスタチウム	111 Rg [280] レントゲニウム	112 Cn [285] コペルニシウム	113 Nh [278] ニホニウム	114 Fl [289] フレロビウム	115 Mc [289] モスコビウム	116 Lv [293] リバモリウム	117 Ts [293] テネシン	118 Og [294] オガネソン

ランタノイド

57 La 138.9 ランタン	58 Ce 140.1 セリウム	59 Pr 140.9 プラセオジム	60 Nd 144.2 ネオジム	61 Pm [145] プロメチウム	62 Sm 150.4 サマリウム	63 Eu 152.0 ユウロピウム	64 Gd 157.3 ガドリニウム	65 Tb 158.9 テルビウム	66 Dy 162.5 ジスプロシウム	67 Ho 164.9 ホルミウム	68 Er 167.3 エルビウム	69 Tm 168.9 ツリウム	70 Yb 173.0 イッテルビウム	71 Lu 175.0 ルテチウム

アクチノイド

89 Ac [227] アクチニウム	90 Th 232.0 トリウム	91 Pa 231.0 プロトアクチニウム	92 U 238.0 ウラン	93 Np [237] ネプツニウム	94 Pu [239] プルトニウム	95 Am [243] アメリシウム	96 Cm [247] キュリウム	97 Bk [247] バークリウム	98 Cf [252] カリホルニウム	99 Es [252] アインスタイニウム	100 Fm [257] フェルミウム	101 Md [258] メンデレビウム	102 No [259] ノーベリウム	103 Lr [262] ローレンシウム

第Ⅰ章

物質の構成

1 ┃ 純物質と混合物

1 純物質と混合物

- -

□ **1.** 純物質であるものを，次の①〜⑧のうちから二つ選べ。

① 石　油　　② 海　水　　③ 炭酸水

④ 白　金　　⑤ 空　気　　⑥ ドライアイス

⑦ 食　酢　　⑧ 塩　酸

□ **2.**（○✕）　塩化ナトリウム水溶液の沸点は，濃度によらず一定である。

□ **3.**（○✕）　空気中に含まれる主な成分は，多い順に，窒素＞酸素＞二酸化炭素＞アルゴンである。

2 混合物の分離

- -

□ **4.** 混合物の分離に関する次の文章中の ア 〜 オ に当てはまる語を，下の①〜⑥のうちから一つずつ選べ。

固体と液体の混合物から，ろ紙などを用いて固体を分離する操作を ア という。

固体が溶けた溶液や，液体の混合物を加熱し，発生した蒸気を冷却することによって沸点の低い成分を液体として分離する操作を イ という。また，沸点の差を利用して，液体の混合物から各成分を分離する操作を特に ウ という。

固体の混合物を加熱して，固体から直接気体になる成分を冷却して分離する操作を エ という。

溶媒に対する溶けやすさの差を利用して，混合物から特定の物質を溶媒に溶かして分離する操作を オ という。

① 蒸　留　　② ろ　過　　③ 抽　出

④ 吸　着　　⑤ 分　留　　⑥ 昇華法（昇華）

📖 解答・ポイント

☐ **1.** 解答 ④, ⑥

{ 純物質 …… 1種類の物質のみでできたもの
{ 混合物 …… 2種類以上の純物質が混じったもの

④ Pt, ⑥ CO_2 が純物質である。①は種々の炭化水素が, ⑤は N_2, O_2 など が混じったものであり混合物である。②, ③, ⑦, ⑧は水溶液であり, これら は混合物である。なお, それぞれ水に② NaCl など, ③ CO_2, ⑦ CH_3COOH など, ⑧ HCl が混じっている。

☐ **2.** 解答 ✕ 混合物の沸点は, その組成により変化する。

純物質では, その物質ごとに沸点や融点が一定の値となる。 例えば, 水の 沸点は100℃で一定である。一方, **混合物では, 混合している物質の種類やそ の割合によって沸点や融点が変化する。**

なお, 塩化ナトリウム水溶液の沸点は100℃より高く, 濃度が大きいほど, 沸点が高くなることが知られている。

☐ **3.** 解答 ✕ 空気の主な成分は, 多い順に $N_2 > O_2 > Ar > CO_2$ である。

空気の組成(体積パーセント)は, N_2(78.1%), O_2(20.9%), Ar(0.93%), CO_2(0.04%), Ne(0.0018%), …である。

☐ **4.** 解答 ア:② イ:① ウ:⑤ エ:⑥ オ:③

ア 固体と液体の混合物から, ろ紙などを用いて**固体を分離する操作**をろ過 という。

イ 固体が溶けた溶液や, 液体の混合物を加熱し, 発生した蒸気を冷却する ことによって**沸点の低い成分を液体として分離する操作**を蒸留という。

ウ 沸点の差を利用して, 液体の混合物から**各成分を分離する操作**を分留と いう。

エ 固体の混合物を加熱して, 固体から**直接気体になる成分を冷却して分離 する操作**を昇華法(昇華)という。

オ 溶媒に対する溶けやすさの差を利用して, 混合物から**特定の物質を溶媒 に溶かして分離する操作**を抽出という。

分離の具体例は, p.20～21, p.154～157 を参照のこと。

□ **5 .**（○×）　ろ紙を用いて海水をろ過すると，純水が得られる。

□ **6 .**（○×）　液体空気を分留すると，酸素と窒素をそれぞれ取り出すことができる。

□ **7 .**（○×）　ヨウ素とヨウ化カリウムの混合物から，昇華を利用してヨウ素を取り出すことができる。

□ **8 .**（○×）　お茶の葉に湯を注ぐと，湯に溶ける成分が抽出できる。

□ **9 .**（○×）　少量の塩化ナトリウムを含む硝酸カリウムから，再結晶により，純粋な硝酸カリウムを得ることができる。

□**10.**（○×）　インクに含まれる複数の色素を，クロマトグラフィーによりそれぞれ分離することができる。

□**5.** 解答 ✕ 海水をろ過しても，純水は得られない。

海水をろ紙に通すと，海水中の溶質もろ紙を通過する。

海水から純水を得るためには，蒸留を用いる(実験装置は p.156 を参照)。

□**6.** 解答 ○

液体空気の分留により，N_2(沸点−196℃)やO_2(沸点−183℃)を分離することができる。

なお，原油から，ガソリン，灯油，軽油などを分離するときも，分留が用いられる。

□**7.** 解答 ○

I_2は昇華するが，KI は昇華しないので，昇華(昇華法)によりI_2を分離することができる(実験装置は p.156 を参照)。

□**8.** 解答 ○

お茶をいれるとき，お茶の葉に湯を注ぎ，お茶の葉の中の湯に溶ける成分のみを抽出している。

□**9.** 解答 ○

少量の塩化ナトリウムを含む硝酸カリウムを熱水に溶かし，ゆっくり冷却すると，硝酸カリウムのみが結晶として析出し，少量の塩化ナトリウムは水に溶けたまま残る。このように，不純物を含む固体を溶媒に溶かし，温度によって溶解度が異なることを利用して，**純粋な物質を析出させて分離する操作**を再結晶という。

□**10.** 解答 ○

ろ紙などの吸着剤に対する吸着力の違いを利用して**混合物を分離する方法**を**クロマトグラフィー**という。インク中の複数の色素は，この方法により分離することができる。

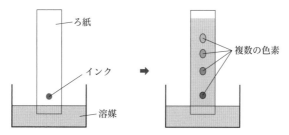

ろ紙の下方にインクをつけ，下端を溶媒に浸す。

溶媒がろ紙を伝わって徐々に上昇するのに伴い，色素も上昇する。
このとき，ろ紙への吸着力が弱い色素ほど上へ移動する。

2 | 物質の構成元素

1 化合物と単体，同素体

□ 1. 単体でないものを，次の①～⑥のうちから一つ選べ。
　　① 黒 鉛　　② 単斜硫黄　　③ 水 銀
　　④ 赤リン　　⑤ オゾン　　　⑥ 水 晶

□ 2. (○×) 硫黄の単体には，斜方硫黄，単斜硫黄，ゴム状硫黄がある。

□ 3. (○×) ダイヤモンドは炭素の同素体の一つである。

□ 4. (○×) リンには同素体が存在しない。

2 元 素

□ 5. 元素名と単体名とは同じものが多い。下線を付した語が，単体でなく，元素の意味に用いられているものを，次の①～⑤のうちから二つ選べ。
　　① 水を電気分解すると，水素と酸素が物質量の比2：1で生じる。
　　② 炭化水素は，炭素と水素だけを含む化合物である。
　　③ アルミニウムは，ボーキサイトを原料としてつくられる。
　　④ 負傷者が酸素吸入を受けながら，救急車で運ばれていった。
　　⑤ カルシウムは，歯や骨に多く含まれている。

解答・ポイント

□ **1.** 解答 ⑥　水晶 SiO_2 は化合物である。

$\begin{cases} \text{単　体} \cdots\cdots 1 \text{種類の元素のみでできた物質} \\ \text{化合物} \cdots\cdots 2 \text{種類以上の元素でできた物質} \end{cases}$

①は C，②は S，③は Hg，④は P，⑤は O のみからできており，単体である。

□ **2.** 解答 ○

同じ元素からなり，性質・構造の異なる単体を互いに同素体という。

硫黄の同素体には，斜方硫黄，単斜硫黄，ゴム状硫黄がある。

□ **3.** 解答 ○

炭素の同素体には，ダイヤモンド，黒鉛などがある。

□ **4.** 解答 ✕　リンには，黄リン，赤リンなどの同素体が存在する。

なお，酸素の同素体には，酸素 O_2，オゾン O_3 がある。

□ **5.** 解答 ②，⑤

物質を構成する原子の種類を元素といい，単体は 1 種類の元素のみででき ている物質である。この問題では，**下線部の物質が単体を表しているか否か を判断すればよい。**

①　H_2O を電気分解すると，H_2 と O_2 が生じるので，下線部の語は**単体**を意 味している。

②　炭化水素（メタン CH_4，エタン C_2H_6 など）は C 原子と H 原子からなる化 合物であり，下線部の語は単体ではなく**元素**を意味している。

③　Al の単体は，鉱石であるボーキサイトを原料につくられており，下線部の 語は**単体**を意味している。

④　負傷者に吸入させる酸素は O_2 であり，下線部の語は**単体**を意味している。

⑤　骨や歯にはカルシウムの化合物（リン酸カルシウムなど）が含まれており， 下線部の語は単体ではなく**元素**を意味している。

□ **6.**（○×）　花火には，炎色反応が利用されている。

□ **7.**（○×）　カリウムは，黄色の炎色反応を示す。

□ **8.**　ある固体物質について，次のa・bの観察結果を得た。その物質として最も適当なものを，下の①〜⑤のうちから一つ選べ。
 a　炎色反応を示した。
 b　塩酸に入れると気体を生じ，その気体は石灰水を白濁させた。
 ①　スクロース $C_{12}H_{22}O_{11}$　　　②　塩化ナトリウム NaCl
 ③　炭酸アンモニウム $(NH_4)_2CO_3$　④　硫酸銅（Ⅱ）CuSO_4
 ⑤　炭酸カルシウム $CaCO_3$

□ **9.**　純物質アと純物質イの固体をそれぞれ別のビーカーに入れ，次の実験Ⅰ〜Ⅲを行った。アとイに当てはまる純物質として最も適当なものを，下の①〜⑥のうちから一つずつ選べ。
 実験Ⅰ　アの固体に水を加えてかき混ぜると，アはすべて溶けた。
 実験Ⅱ　実験Ⅰで得られたアの水溶液の炎色反応を観察したところ，黄色を示した。また，アの水溶液に硝酸銀水溶液を加えると，白色沈殿が生じた。
 実験Ⅲ　イの固体に水を加えてかき混ぜてもイは溶けなかったが，続けて塩酸を加えると気体の発生を伴ってイが溶けた。
 ①　硝酸カリウム　　②　硝酸ナトリウム　　③　炭酸カルシウム
 ④　硫酸バリウム　　⑤　塩化カリウム　　　⑥　塩化ナトリウム

□ **6.** 解答 ○
ある種の元素を含む物質を炎の中に入れると，**炎がその元素特有の色を示す**ことがあり，これを炎色反応という。花火の色は炎色反応によるものである。

□ **7.** 解答 ✕ **カリウムは赤紫色の炎色反応を示す。**
炎色反応を示す代表的な元素と色は次のとおりである。

Li：赤色　　　Na：黄色　　　K：赤紫色　　　Ca：橙赤色
Sr：紅色　　　Ba：黄緑色　　　Cu：青緑色

□ **8.** 解答 ⑤
a　炎色反応を示すものは，②(黄色)，④(青緑色)，⑤(橙赤色)である。
b　発生した気体は，**石灰水を白濁させた**ので CO_2 である。よって，この固体物質には炭素 C が含まれていることがわかる。
なお，この反応は，次の式で表され，生じた $CaCO_3$ の白色沈殿により石灰水が白濁する。

$$Ca(OH)_2 + CO_2 \longrightarrow CaCO_3 + H_2O$$
石灰水　　　　　　　　　　白色沈殿

以上より，この固体物質は ⑤ $CaCO_3$ である。なお，$CaCO_3$ を塩酸に入れると，次の反応により CO_2 が発生する。

$$CaCO_3 + 2\,HCl \longrightarrow CaCl_2 + H_2O + CO_2$$

□ **9.** 解答 ア：⑥　　イ：③
実験I　アは水を加えるとすべて溶けたので，① KNO_3，② $NaNO_3$，⑤ KCl，⑥ NaCl のいずれかである。
なお，③ $CaCO_3$，④ $BaSO_4$ は水に溶けにくい。
実験II　アの水溶液は黄色の炎色反応を示したので，Na を含む。また，**硝酸銀 $AgNO_3$ 水溶液を加えると白色沈殿が生じたの**で，塩素 Cl を含む。よって，アは ⑥ NaCl である。
なお，$AgNO_3$ 水溶液を加えたときに生じた白色沈殿は AgCl である。

$$Ag^+ + Cl^- \longrightarrow AgCl$$

実験III　イは水を加えても溶けなかったので，③ $CaCO_3$，④ $BaSO_4$ のいずれかである。このうち，$CaCO_3$ は塩酸を加えると気体を発生して溶けるが，$BaSO_4$ は塩酸と反応しない。

$$CaCO_3 + 2\,HCl \longrightarrow CaCl_2 + H_2O + CO_2$$

よって，イは ③ $CaCO_3$ である。

3 | 物質の三態，熱運動

1 物質の三態，状態変化

□ **1.** 図は物質の三態の間の状態変化を示したものである。 a ～ c に当てはまる用語を，下の①～⑤のうちから一つずつ選べ。

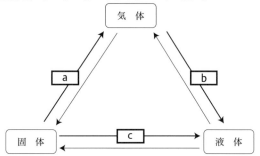

① 蒸　発　　② 昇　華　　③ 融　解
④ 凝　縮　　⑤ 凝　固

□ **2.** 温度 T_0 の固体の水（氷）を 1.013×10^5 Pa のもとで完全に気体になるまで加熱した。図のグラフは，このときの加熱時間と温度との関係を示している。図に関する記述として**誤りを含むもの**を，下の①～⑥のうちから一つ選べ。

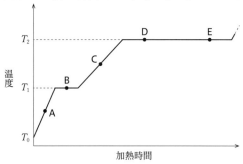

① 点 A では，液体は存在しない。
② 温度 T_1 は，融点である。
③ 点 B では，固体と液体が共存している。
④ 点 C では，蒸発は起こらない。
⑤ 温度 T_2 は，沸点である。
⑥ 点 D ～点 E の間では，液体の体積は次第に減少する。

📖 解答・ポイント

□ **1.** 解答 a : ② 　 b : ④ 　 c : ③

物質の三態間の状態変化の名称をまとめると，次のようになる。

注 気体から固体の変化も昇華という場合がある。

□ **2.** 解答 ④ 点 C では，水の表面で蒸発が起こっている。

固体の水（氷）を$1.013×10^5$ Pa（大気圧）のもとで加熱すると，次のように温度が変化する。

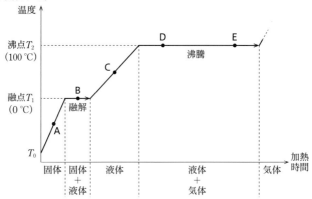

氷を加熱すると， 0 ℃（T_1）で融解が始まる。融解が進んでいる間は，温度は 0 ℃に保たれる。氷がすべて水になった後，温度が上昇していくが，このとき，水の表面で少しずつ蒸発が起こる（水は 100℃ 未満でも液体の表面から蒸発している）。100℃ になると，液体の内部からも水蒸気が生じる。これを沸騰という。沸騰が進むと，液体の水は次第に減少し，やがてすべて水蒸気になる。

□ **3.** 化学変化でない現象を，次の①〜④のうちから二つ選べ。
① 新しい十円硬貨を長期間放置すると，次第に光沢がなくなる。
② ベーキングパウダー(ふくらし粉)を使ってケーキを作った。
③ 水にドライアイスを入れると，白い煙がでる。
④ 水に赤インクをたらすと，全体が赤い色になる。

2 熱運動

□ **4.** (○×) 気体の分子は，いろいろな方向に運動している。

□ **5.** (○×) 気体分子の平均の速さは，温度によって変化しない。

□ **6.** (○×) 気体分子の運動エネルギーの平均値は，分子間力によるエネルギーに比べて非常に大きい。

□ **7.** (○×) 液体中の分子は，熱運動によって相互の位置を変えている。

☐ **3.** 解答 ③, ④

　化学変化 …… 原子の組合せが変化して別の物質に変わる。
　物理変化 …… 物質そのものは変化せず，状態のみが変わる。

① 十円硬貨に含まれる Cu が酸化される（化学変化）。

② $2\,NaHCO_3 \longrightarrow Na_2CO_3 + H_2O + CO_2$ などの化学変化が起こる。

③ ドライアイスにより，空気中の水蒸気が冷やされて小さな氷や水の粒が生じ，これが白い煙として観察される。この変化では状態のみが変わっており，化学変化ではなく物理変化である。

④ 赤インクが水中に拡散しているだけで，物質そのものは変化していないので，化学変化ではなく物理変化である。

☐ **4.** 解答 〇

　気体分子は，熱運動によっていろいろな方向に飛びまわっている。

☐ **5.** 解答 ✕　気体分子の平均の速さは，高温ほど大きくなる。

　図に示すように，高温ほど速さの大きい気体分子の割合が増加する。

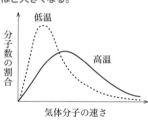

☐ **6.** 解答 〇

　気体 …… 分子が自由に運動する。
　　　　分子の運動エネルギー ≫ 分子間力によるエネルギー

☐ **7.** 解答 〇

　液体 …… 分子が位置を変えながら運動している。
　　　　分子の運動エネルギー ≒ 分子間力によるエネルギー
　固体 …… 分子が位置を変えずに振動している。
　　　　分子の運動エネルギー ＜ 分子間力によるエネルギー

4 | 原子，イオンの構造

1 | 原子の構造

- -

☐ **1.** 原子の構造に関する次の文章中の ア ～ カ に当てはまる語を，下の①～⑦のうちから一つずつ選べ。

原子は， ア と イ からできており， ア は正の電荷を帯びた ウ と電荷をもたない エ から構成されている。

ウ の数は， オ と等しい。また， ウ の数と エ の数の和を カ という。

① 陽　子　　　② 電　子　　　③ 中性子　　　④ 原子核
⑤ 原子量　　　⑥ 原子番号　　⑦ 質量数

☐ **2.** (○✕) すべての原子の原子核は，陽子と中性子から構成される。

☐ **3.** (○✕) 原子核の質量は，電子の質量に比べて極めて小さい。

☐ **4.** (○✕) 原子核の大きさは，原子の大きさに比べて極めて小さい。

☐ **5.** (○✕) 中性子の数が同じで陽子の数が異なる原子どうしは，互いに同位体である。

☐ **6.** (○✕) 互いに同位体である原子は，電子の数が異なる。

☐ **7.** (○✕) $_6^{12}C$ と $_6^{13}C$ は，ほとんど同じ化学的性質を示す。

☐ **8.** (○✕) 放射線を放って他の原子に変化する同位体を，放射性同位体という。

🔍 解答・ポイント

□ **1.** 解答 ア：④　イ：②　ウ：①　エ：③　オ：⑥　カ：⑦

$$
原子 \begin{cases} 原子核 \begin{cases} \textbf{陽 子} \cdots\cdots 正の電荷を帯びた粒子 \\ \textbf{中性子} \cdots\cdots 電荷をもたない粒子 \end{cases} \\ \textbf{電 子} \cdots\cdots 負の電荷を帯びた粒子 \end{cases}
$$

原子番号＝陽子の数＝電子の数
質量数＝陽子の数＋中性子の数

□ **2.** 解答 ✕　質量数 1 の水素原子 ^{1}H は，中性子をもたない。
　　^{1}H の原子核には，陽子が 1 個，中性子はない。その他の原子の原子核は，陽子と中性子の両方から構成される。

□ **3.** 解答 ✕　原子核の質量は，電子の質量に比べて極めて大きい。
　　1 個あたりの質量は，陽子：中性子：電子＝約 $1：1：\dfrac{1}{1840}$ なので，原子核の質量は，電子の質量に比べて極めて大きい。

□ **4.** 解答 ○
　　原子の直径は約 10^{-10} m，原子核の直径は $10^{-15} \sim 10^{-14}$ m で，原子核の大きさは，原子の大きさに比べて極めて小さい。

□ **5.** 解答 ✕　同位体は，陽子の数が同じで中性子の数が異なる。
　　同位体とは，原子番号(陽子の数)が同じで，質量数(中性子の数)が異なる原子どうしのことである。

□ **6.** 解答 ✕　同位体は，電子の数は同じである。
　　互いに同位体である原子は，原子番号(陽子の数)が同じなので，電子の数も同じである。

□ **7.** 解答 ○
　　$^{12}_{6}$C と $^{13}_{6}$C は互いに同位体である。化学的性質は元素の種類で決まり，同位体どうしの化学的性質はほとんど同じである。

□ **8.** 解答 ○
　　同位体には，原子核が不安定で，**放射線を放出して別の原子核に変わる**ものがある。このような同位体を**放射性同位体**という。

□ **9.** 中性子の数と電子の数の差が最も大きい原子を，次の①〜⑤のうちから一つ選べ。

① ^{4}He   ② ^{18}O   ③ ^{23}Na

④ ^{27}Al   ⑤ ^{39}K

□ **10.** 酸素原子について，最も大きな数値を与える式を，次の①〜⑤のうちから一つ選べ。

① （原子核の質量）÷（陽子の質量の総和）

② （中性子の質量の総和）÷（電子の質量の総和）

③ （陽子の総数）÷（電子の総数）

④ （^{18}O の質量）÷（^{16}O の質量）

⑤ （^{18}O の陽子の総数）÷（^{16}O の陽子の総数）

中性子の数＝質量数－陽子の数，電子の数＝原子番号である。

		原子番号	質量数	中性子の数 (A)	電子の数 (B)	(A) － (B)
①	$_2^4\text{He}$	2	4	$4 - 2 = 2$	2	0
②	$_8^{18}\text{O}$	8	18	$18 - 8 = 10$	8	2
③	$_{11}^{23}\text{Na}$	11	23	$23 - 11 = 12$	11	1
④	$_{13}^{27}\text{Al}$	13	27	$27 - 13 = 14$	13	1
⑤	$_{19}^{39}\text{K}$	19	39	$39 - 19 = 20$	19	1

よって，中性子の数と電子の数の差が最も大きい原子は ② である。

□**10.** 解答 ②

酸素 O は原子番号 8 であり，陽子の数 ＝ 電子の数 ＝ 8 である。

① $_8^{16}\text{O}$ で考えると，原子核には陽子が 8 個と中性子が $(16 - 8 =)$ 8 個ある。陽子と中性子の質量比は約 1：1 なので，

$$\frac{\text{原子核の質量}}{\text{陽子の質量の総和}} \fallingdotseq \frac{8 + 8}{8} = 2$$

② $_8^{16}\text{O}$ で考えると，中性子が 8 個，電子が 8 個ある。中性子と電子の質量比は約 $1：\frac{1}{1840}$ なので，

$$\frac{\text{中性子の質量の総和}}{\text{電子の質量の総和}} \fallingdotseq \frac{8}{8 \times \frac{1}{1840}} = 1840$$

③ $\dfrac{\text{陽子の総数}}{\text{電子の総数}} = \dfrac{8}{8} = 1$

④ 原子の質量は，質量数にほぼ比例するので，

$$\frac{_8^{18}\text{O の質量}}{_8^{16}\text{O の質量}} \fallingdotseq \frac{18}{16}$$

⑤ $\dfrac{_8^{18}\text{O の陽子の総数}}{_8^{16}\text{O の陽子の総数}} = \dfrac{8}{8} = 1$

よって，最も大きな数値を与える式は ② である。

□**11.**（○✕）　内側から n 番目の電子殻は，最大で n^2 個の電子を収容することができる。

□**12.**　ホウ素原子の電子配置の模式図として最も適当なものを，次の①〜⑥のうちから一つ選べ。

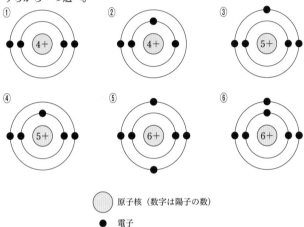

原子核（数字は陽子の数）

● 電子

□**13.**（○✕）　カルシウム原子の M 殻には，2 個の電子が入っている。

□**14.**（○✕）　最外殻にある電子の数は，ヘリウム＜ネオン＜アルゴンの順に大きくなる。

□**11.** 解答 ✕　最大で $2n^2$ 個の電子を収容することができる。

電子殻は，原子核に近い順から K 殻，L 殻，M 殻，N 殻，……とよばれ，内側から n 番目の電子殻には最大 $2n^2$ 個の電子を収容できる。

□**12.** 解答 ③

ホウ素 B は原子番号 5 で，陽子を 5 個，電子を 5 個もつ。電子は最も内側の電子殻から配置され，K 殻に 2 個，L 殻に 3 個の電子が収容される。よって，③が適当である。

なお，「**第 n 周期の元素の原子の最外殻＝内側から n 番目**」であり，**ヘリウム He を除いた典型元素**では，「**最外殻電子の数＝族番号の一の位の値**」である。B は第 2 周期 13 族の元素なので，最外殻は L 殻，最外殻電子の数は 3 であることがわかる。

《原子番号 1～20 の原子の電子配置》

周期 \ 族		1	2	13	14	15	16	17	18
1		H							He
	K 殻	1							2
2		Li	Be	B	C	N	O	F	Ne
	K 殻	2	2	2	2	2	2	2	2
	L 殻	1	2	3	4	5	6	7	8
3		Na	Mg	Al	Si	P	S	Cl	Ar
	K 殻	2	2	2	2	2	2	2	2
	L 殻	8	8	8	8	8	8	8	8
	M 殻	1	2	3	4	5	6	7	8
4		K	Ca						
	K 殻	2	2						
	L 殻	8	8						
	M 殻	8	8						
	N 殻	1	2						

□**13.** 解答 ✕　カルシウム原子の M 殻には，8 個の電子が入っている。

$_{20}$Ca の電子配置は K 殻：2，L 殻：8，M 殻：8，N 殻：2 である。

□**14.** 解答 ✕　最外殻電子の数は，ヘリウム＜ネオン＝アルゴンである。

He の最外殻電子の数は 2，He を除いた 18 族元素の原子の最外殻電子の数は 8 である。

□15. 最外殻電子の数が酸素原子のそれと同じである原子を，次の①〜⑧のうちから一つ選べ。

① Al ② C ③ Cl ④ Li
⑤ Mg ⑥ Ne ⑦ P ⑧ S

□16. 価電子の数が最も多い原子を，次の①〜⑥のうちから一つ選べ。

① ホウ素 ② カルシウム ③ カリウム
④ 塩 素 ⑤ アルゴン ⑥ 窒 素

□17. 次のように表される原子Aに関する記述として**誤りを含むもの**を，下の①〜④のうちから二つ選べ。

$^{19}_{9}A$

① 原子核には，9個の陽子が含まれる。
② 原子核には，9個の中性子が含まれる。
③ 価電子の数は，9である。
④ 質量数は，19である。

3 イ オ ン

□18. 2価の陽イオンになりやすい原子を，次の①〜⑥のうちから一つ選べ。

① Mg ② Cl ③ Al
④ Ne ⑤ O ⑥ Li

□**15.** 解答 ⑧ OとSの最外殻電子の数は6である。

	O	①	②	③	④	⑤	⑥	⑦	⑧
族番号	16	13	14	17	1	2	18	15	16
最外殻電子の数	6	3	4	7	1	2	8	5	6

□**16.** 解答 ④

　　　価電子は，原子がイオンになったり，他の原子と結合するときに重要な役割を果たす最外殻電子のことである。18族元素の原子は，電子配置が安定であり，イオンになったり，他の原子と結合しにくいので，価電子の数は0とする。

$$\begin{cases} 18族以外：価電子の数＝最外殻電子の数 \\ 18族：\quad 価電子の数＝0 \end{cases}$$

	①	②	③	④	⑤	⑥
元素記号	B	Ca	K	Cl	Ar	N
族番号	13	2	1	17	18	15
価電子の数	3	2	1	7	0	5

□**17.** 解答 ② 10個の中性子が含まれる。

　　　③ 価電子の数は，7である。

　　　$^{19}_{9}A$ は，原子番号9，質量数19である。

　　　陽子の数＝電子の数＝9

　　　中性子の数＝19－9＝10

　　　電子配置 K殻：2，L殻7　　　価電子の数＝7

□**18.** 解答 ① 2族のMgは，2価の陽イオン Mg^{2+} になりやすい。

　　　一般に，1族，2族，13族の原子は，それぞれ1価，2価，3価の陽イオンに，17族，16族の原子は，それぞれ1価，2価の陰イオンになりやすい。単原子イオンの電子配置は，原子番号が最も近い18族の原子の電子配置と同じになる傾向がある。

		族	イオン	電子配置			同じ電子配置
				K殻	L殻	M殻	
①	$_{12}Mg$	2	Mg^{2+}	2	8		Ne
②	$_{17}Cl$	17	Cl^-	2	8	8	Ar
③	$_{13}Al$	13	Al^{3+}	2	8		Ne
④	$_{10}Ne$	18	イオンにならない				
⑤	$_{8}O$	16	O^{2-}	2	8		Ne
⑥	$_{3}Li$	1	Li^+	2			He

□**19.**（○×） ネオンとフッ化物イオンは，ともに最外殻が完全に満たされた電子配置をもつ。

□**20.**（○×） カルシウムイオンとネオン原子の電子配置は同じである。

□**21.**（○×） 酸化物イオンと硫化物イオンは，いずれも2価の単原子陰イオンである。

□**22.** 銅(Ⅱ)イオン $^{65}_{29}Cu^{2+}$ に含まれる電子の数として最も適当な数値を，次の①～⑥のうちから一つ選べ。

   ① 27   ② 29   ③ 31
   ④ 36   ⑤ 63   ⑥ 65

□**23.** 表に示す陽子の数，中性子の数，電子の数をもつ原子または単原子イオンア～カの中で，陰イオンのうち質量数が最も大きいものを，下の①～⑥のうちから一つ選べ。

	陽子の数	中性子の数	電子の数
ア	16	18	18
イ	17	18	18
ウ	17	20	17
エ	19	20	18
オ	19	22	19
カ	20	20	18

   ① ア   ② イ   ③ ウ   ④ エ   ⑤ オ   ⑥ カ

□**24.** 2価の単原子イオンを，次の①～⑤のうちから一つ選べ。

   ① 酸化物イオン   ② 水酸化物イオン   ③ フッ化物イオン
   ④ 炭酸イオン   ⑤ 硫酸イオン

□**19.** 解答 ○

　17 族の F は，1 価の陰イオンになりやすい。

　$_{10}$Ne，$_9$F$^-$ ともに電子配置は K 殻：2，L 殻：8 であり，最外殻の L 殻が完全に満たされている。

□**20.** 解答 ✕　カルシウムイオンの電子配置は，アルゴン原子と同じ。

　2 族の Ca は 2 価の陽イオンになりやすい。$_{20}$Ca^{2+} の電子配置は K 殻：2，L 殻：8，M 殻：8 であり，Ar と同じである。

□**21.** 解答 ○

　16 族である O と S は 2 価の陰イオンになりやすい。電子配置は，

　$_8$O^{2-}　K 殻：2，L 殻：8　　　$_{16}$S^{2-}　K 殻：2，L 殻：8，M 殻：8

□**22.** 解答 ①

　$_{29}$Cu の原子番号は 29 であり，含まれる電子の数は 29 である。$_{29}^{65}$Cu^{2+} は，Cu 原子が電子を 2 個失ったイオンなので，$_{29}^{65}$Cu^{2+} に含まれる電子の数は，$29-2 = 27$ である。

□**23.** 解答 ②

　{ 　**原　子** …… 陽子の数＝電子の数 ➡ 電荷をもたない
　　陽イオン …… 陽子の数＞電子の数 ➡ 正の電荷をもつ
　　陰イオン …… 陽子の数＜電子の数 ➡ 負の電荷をもつ

　陽子の数＜電子の数であるものは，**ア**と**イ**である。質量数（＝陽子の数＋中性子の数）は，**ア**が（16+18＝）34，**イ**が（17+18＝）35 なので，陰イオンのうち質量数が最も大きいものは**イ**である。

　なお，**ウ**と**オ**は原子，**エ**と**カ**は陽イオンである。

□**24.** 解答 ①

　単原子イオンは，① O^{2-} と③ F$^-$ であり，2 価の単原子イオンは①である。

　なお，② OH$^-$，④ CO$_3{}^{2-}$，⑤ SO$_4{}^{2-}$ は多原子イオンである。

《主な多原子イオン》

陽イオン　アンモニウムイオン NH$_4{}^+$

陰イオン　水酸化物イオン OH$^-$

　　　　　硝酸イオン NO$_3{}^-$

　　　　　硫酸イオン SO$_4{}^{2-}$　　硫酸水素イオン HSO$_4{}^-$

　　　　　炭酸イオン CO$_3{}^{2-}$　　炭酸水素イオン HCO$_3{}^-$

　　　　　リン酸イオン PO$_4{}^{3-}$

---

1 周 期 表

☐ **1.**（○×）　周期表の縦の列を周期という。

☐ **2.**（○×）　典型元素は，すべて非金属元素である。

☐ **3.**（○×）　遷移元素は，すべて金属元素である。

☐ **4.**（○×）　同族の典型元素では，化学的性質が互いに類似している。

☐ **5.**（○×）　遷移元素では，周期表で左右に隣り合う元素どうしの化学的性質が似ていることが多い。

☐ **6.**（○×）　1族元素のすべてを，アルカリ金属という。

☐ **7.**（○×）　貴ガス(希ガス)は，他の原子と結合しにくい。

□ **1.** 解答 ✕　周期表の縦の列を族という。

　周期表は，元素を原子番号の順に並べたものであり，周期表の縦の列を族，横の行を周期という。

□ **2.** 解答 ✕　典型元素には，金属元素と非金蔵元素がある。

　周期表の1，2，12〜18族の元素を**典型元素**という。典型元素には，**金属元素と非金属元素がある**。

□ **3.** 解答 ○

　周期表の3〜11族の元素を遷移元素という。遷移元素は，**すべて金属元素である**。　注　12族の元素を遷移元素に含めることもある。

□ **4.** 解答 ○

　典型元素では，価電子の数が等しい同族元素どうしの化学的性質が似ている。

□ **5.** 解答 ○

　遷移元素では，周期表で隣り合う元素どうしの化学的性質が似ていることが多い。

□ **6.** 解答 ✕　Hを除く1族元素を，アルカリ金属という。

　Hを除く1族元素をアルカリ金属，BeとMgを除く2族元素をアルカリ土類金属という。また，17族元素を**ハロゲン**という。

□ **7.** 解答 ○

　18族元素を貴ガス(希ガス)という。貴ガスの原子の電子配置は安定であり，イオンになりにくく，また，他の原子と結合しにくい。

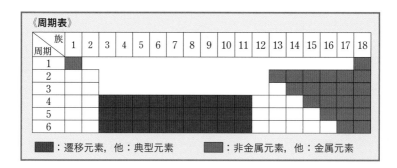

□ **8**. (○×) イオン化エネルギー(第一イオン化エネルギー)は,原子から電子を1個取り去って陽イオンにするのに必要なエネルギーである。

□ **9**. (○×) イオン化エネルギー(第一イオン化エネルギー)が小さい原子は,陽イオンになりやすい。

□ **10**. イオン化エネルギー(第一イオン化エネルギー)が最も大きい原子を,次の①～⑤のうちから一つ選べ。
① P ② S ③ Cl ④ Ar ⑤ K

□ **11**. (○×) 電子親和力が小さい原子は,陰イオンになりやすい。

□ **12**. (○×) 同一周期では,17族元素の原子の電子親和力が最も大きい。

□ **13**. (○×) 第3周期に属する元素では,18族を除き,原子番号が大きくなるにつれて陰性が強くなる。

□ **14**. (○×) イオンの大きさを比べると,F^- の方が Cl^- より小さい。

□ **15**. (○×) イオンの大きさを比べると,F^- の方が Na^+ より小さい。

□ **8.** 解答 ○

イオン化エネルギー(第一イオン化エネルギー)は，原子から電子を1個取り去り，1価の陽イオンにするのに必要なエネルギーである。

□ **9.** 解答 ○

イオン化エネルギーが小さい原子ほど，陽イオンになりやすい。

□ **10.** 解答 ④

一般に，イオン化エネルギーは，周期表の右上に位置する元素の原子ほど大きくなる傾向がある。P，S，Cl，Ar，K のうち，最も周期表の右上に位置する元素は Ar であり，イオン化エネルギーが最も大きい原子は Ar である。

□ **11.** 解答 × 電子親和力が大きい原子ほど，陰イオンになりやすい。

電子親和力は，原子が電子を1個受け取り，1価の陰イオンになるときに放出されるエネルギーである。電子親和力が大きい原子ほど，陰イオンになりやすい。

□ **12.** 解答 ○

電子親和力は，同一周期ではハロゲン(17族元素)の原子が最も大きい。

□ **13.** 解答 ○

　陽性 …… 陽イオンになりやすい性質。
　陰性 …… 陰イオンになりやすい性質。

貴ガス(18族)を除き，周期表の右上に位置する元素ほど陰性が強く，周期表の左下に位置する元素ほど陽性が強い。

第3周期の元素では，18族を除き，原子番号が大きいほど陰性が強い。

□ **14.** 解答 ○

同じ族のイオンでは，原子番号が大きいほど，イオンは大きい。
よって，イオンの大きさは $F^- < Cl^-$ である。

□ **15.** 解答 × イオンの大きさは，F^- の方が Na^+ より大きい。

同じ電子配置のイオンでは，原子番号が大きいほど原子核の正電荷が大きく，電子がより強く引きつけられるため，イオンは小さい。

$_9F^-$，$_{11}Na^+$ の電子配置はともに K 殻：2，L 殻：8 なので，イオンの大きさは $F^- > Na^+$ である。

□16. 原子番号と価電子の数の関係を表すグラフとして正しいものを，次の①〜④のうちから一つ選べ。

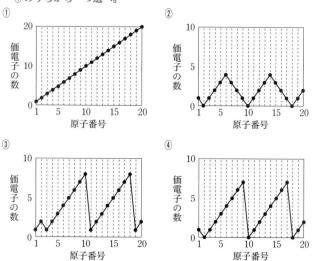

□17. 原子番号とイオン化エネルギー(第一イオン化エネルギー)の関係を表すグラフとして正しいものを，次の①〜④のうちから一つ選べ。

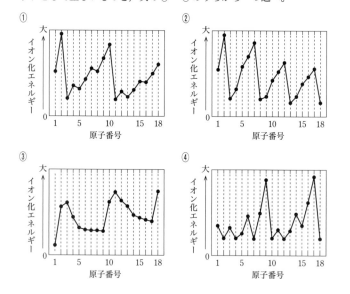

□**16.** 解答 ④

典型元素では，He を除き，「最外殻電子の数＝族番号の一の位の値」である。よって，価電子の数は，次のようになる。（p.35，37 を参照）

$$
価電子の数=
\begin{cases}
貴ガス以外の典型元素：族番号の一の位の値 \\
貴ガス： 0
\end{cases}
$$

すなわち，価電子の数は次のようになる。

原子番号	1	2	3	4	5	6	7	8	9	10
価電子の数	1	0	1	2	3	4	5	6	7	0
原子番号	11	12	13	14	15	16	17	18	19	20
価電子の数	1	2	3	4	5	6	7	0	1	2

よって，原子番号と価電子の数の関係を表すグラフは④である。

なお，③は，原子番号と最外殻電子の数の関係を表すグラフである。

□**17.** 解答 ①

一般に，イオン化エネルギーは，周期表の右上に位置する元素の原子ほど大きい。

すなわち，原子番号 2，10，18 の貴ガスのイオン化エネルギーが大きく，原子番号 3，11，19 のアルカリ金属のイオン化エネルギーが小さい。

よって，原子番号とイオン化エネルギーの関係を表すグラフは①である。

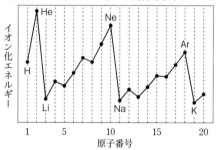

6 | イオン結合

1 | イオン結合

☐ **1.** (○×)　塩化ナトリウムの結晶では，ナトリウムイオン Na^+ と塩化物イオン Cl^- が静電気力で結合している。

☐ **2.** (○×)　イオン結晶は，融点の高いものが多い。

☐ **3.** (○×)　イオン結晶は，硬いが，割れやすくもろい。

☐ **4.** (○×)　イオン結晶は，電気をよく通す。

2 | 組 成 式

☐ **5.**　陽イオンと陰イオンの数が異なる化合物を，次の①～⑤のうちから二つ選べ。
　　① 硫酸銅(Ⅱ)　　　② 硝酸ナトリウム　　　③ 水酸化カルシウム
　　④ 炭酸カリウム　　⑤ 硫化鉄(Ⅱ)

解答・ポイント

□ 1. 解答 ○

NaCl の結晶は，Na^+ と Cl^- が静電気力（クーロン力）で結びついたイオン結合からなる。一般に，**金属元素の原子と非金属元素の原子はイオン結合で結びつく。**

□ 2. 解答 ○

イオン結合は結合力が強いため，イオン結晶は，一般に融点が高い。

□ 3. 解答 ○

イオン結合は結合力が強いため，イオン結晶は**硬い**。しかし，強く叩き陽イオンと陰イオンの配列がずれると，電気的な反発力がはたらくため，**割れやすく，もろい**。

□ 4. 解答 ✕ **イオン結晶は，電気を通さない。**

イオン結晶は，イオンの配列が決まっており，イオンが移動できないので，**電気を通さない**。なお，イオン結晶を**加熱して融解した液体や，水に溶かした水溶液では**，イオンが自由に移動できるため，**電気を通す**。

□ 5. 解答 ③，④

イオンからなる物質は，構成するイオンとその数の比を示す組成式で表される。

陽イオンによる正電荷と陰イオンによる負電荷の総和は 0 になるので，
「**陽イオンの価数×陽イオンの数＝陰イオンの価数×陰イオンの数**」の関係が成り立つ。

① Cu^{2+} と SO_4^{2-} からなるので，数の比は $Cu^{2+} : SO_4^{2-} = 1 : 1$
② Na^+ と NO_3^- からなるので，数の比は $Na^+ : NO_3^- = 1 : 1$
③ Ca^{2+} と OH^- からなるので，数の比は $Ca^{2+} : OH^- = 1 : 2$
④ K^+ と CO_3^{2-} からなるので，数の比は $K^+ : CO_3^{2-} = 2 : 1$
⑤ Fe^{2+} と S^{2-} からなるので，数の比は $Fe^{2+} : S^{2-} = 1 : 1$

なお，組成式は①$CuSO_4$，②$NaNO_3$，③$Ca(OH)_2$，④K_2CO_3，⑤FeS である。

1 共有結合，配位結合

□ **1.** (○×)　二つの原子が電子を出し合って生じる結合は，共有結合である。

□ **2.**　次の記述(a ～ d)に当てはまる分子を，下の①～⑧のうちから一つずつ選べ。

　　a　非共有電子対の数が最も多い分子
　　b　共有電子対が 2 組ある分子
　　c　二重結合をもつ分子
　　d　三重結合をもつ分子

　①　N_2　　　②　H_2　　　③　H_2O　　　④　Cl_2
　⑤　CH_4　　⑥　HCl　　⑦　CO_2　　⑧　NH_3

解答・ポイント

□ **1.** 解答 ○

　　共有結合は，原子が価電子を出し合って，両方の原子で電子を共有してできる結合である。

□ **2.** 解答 a：④　　b：③　　c：⑦　　d：①

　　最外殻電子を・で表した式を電子式という。共有結合では，不対電子を出しあって共有電子対をつくる。また，共有されない電子対は非共有電子対という。

　　①〜⑧の電子式，構造式を次に示す。（‥ 非共有電子対）

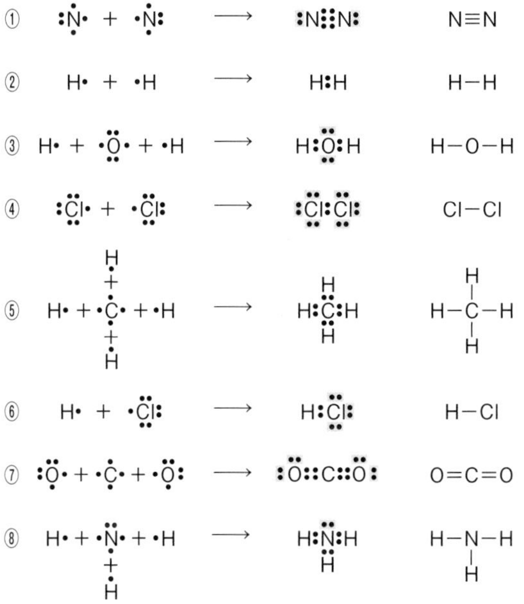

① :N・ + ・N:　⟶　:N⋮⋮N:　　　N≡N

② H・ + ・H　⟶　H:H　　　H−H

③ H・ + ・Ö・ + ・H　⟶　H:Ö:H　　　H−O−H

④ :Cl・ + ・Cl:　⟶　:Cl:Cl:　　　Cl−Cl

⑤ H・ + ・C・ + ・H（上下にH）　⟶　H:C:H　　　H−C−H（上下にH）

⑥ H・ + ・Cl:　⟶　H:Cl:　　　H−Cl

⑦ :Ö・ + ・C・ + ・Ö:　⟶　:Ö⋮⋮C⋮⋮Ö:　　　O=C=O

⑧ H・ + ・N・ + ・H（下にH）　⟶　H:N:H（下にH）　　　H−N−H（下にH）

　　構造式では，共有電子対1組を1本の価標で表す。

a　非共有電子対が最も多い分子は，④である。

b　共有電子対が2組ある分子は，③である。なお，構造式中に2本の価標をもつものを選んでもよい。

c　二重結合をもつ分子は，⑦である。

d　三重結合をもつ分子は，①である。

□ **3** . 三つの原子 T, X, Z からなる分子の電子式を次に示した。この分子として最も適当なものを，下の①〜⑤のうちから一つ選べ。ただし，T, X, Z は同じ原子であってもよい。

$$T \!:\! X \!:\!:\! Z \!:$$

① O_3 ② H_2O ③ CO_2 ④ HCN   ⑤ HClO

□ **4** . (○✕) オキソニウムイオン H_3O^+ の三つの O−H 結合のうち，一つは配位結合であり，他の二つの結合とは性質が異なる。

□ **5** . (○✕) アンモニウムイオンは，4 組の共有電子対をもつ。

□ **6** . 電子の総数が N_2 と同じものを，次の①〜⑤のうちから一つ選べ。
① H_2O ② CO   ③ OH^- ④ O_2 ⑤ NH_4^+

□ **3.** 解答 ④

共有電子対は，原子が不対電子を出し合ってつくられるので，T は価電子を 1 個，X は価電子を 4 個，Z は価電子を 5 個もつ原子と考えられる。

$$T\cdot \ + \ \cdot\ddot{X}\cdot \ + \ \cdot\ddot{Z}: \ \longrightarrow \ T:X::Z: \qquad T-X\equiv N$$

よって，T は 1 族，X は 14 族，Z は 15 族に属する原子が該当する。選択肢から T が水素 H，X が炭素 C，Z が窒素 N であり，この分子は ④ HCN（シアン化水素）と判断できる。なお，電子式を構造式に書き換えると，T は原子価 1，X は原子価 4，Z は原子価 3 であることがわかり，このことからも，T が水素 H，X が炭素 C，Z が窒素 N と考えることができる。

□ **4.** 解答 × H_3O^+ の三つの O－H 結合の性質は，区別できない。

H_3O^+ は，H_2O に H^+ が結合したイオンである。このとき，H_2O の O 原子の非共有電子対が H^+ に提供され，その電子対を共有して結合しており，このような結合を配位結合という。

$$H:\ddot{O}:H \ + \ H^+ \ \longrightarrow \ \left[H:\overset{\displaystyle \ddot{O}:}{\underset{\displaystyle H}{}}H\right]^+ \quad \left[H-\overset{\displaystyle O}{\underset{\displaystyle H}{}}-H\right]^+$$

配位結合は，他の共有結合とできる仕組みが異なるだけで，できた結合の性質は同じなので，H_3O^+ の三つの O－H 結合の性質は，区別できない。

□ **5.** 解答 ○

NH_4^+ は，NH_3 に H^+ が配位結合したイオンであり，4 組の共有電子対をもつ。

$$H:\ddot{N}:H \ + \ H^+ \ \longrightarrow \ \left[H:\overset{\displaystyle H}{\underset{\displaystyle H}{N}}:H\right]^+$$

□ **6.** 解答 ②

分子に含まれる電子の総数は，陽子の総数，すなわち，分子を構成する各原子の原子量の総和と等しい。陽イオンの場合は，価数の数だけ電子が少なく，陰イオンの場合は，価数の数だけ電子が多い。

電子の総数は次のとおりである。

$N_2 : 7 \times 2 = 14$

① $H_2O : 1 \times 2 + 8 = 10$ 　② $CO : 6 + 8 = 14$
③ $OH^- : (8 + 1) + 1 = 10$ 　④ $O_2 : 8 \times 2 = 16$
⑤ $NH_4^+ : (7 + 1 \times 4) - 1 = 10$

以上より，電子の総数が N_2 と同じものは，② である。

□ **7 .**（○×） 共有結合からなる分子では，電気陰性度の小さい原子は，電子を
より強く引きつける。

□ **8 .**（○×） 第2周期の元素のうちで，電気陰性度が最も大きいものはリチウ
ムである。

□ **9 .** 炭素原子と他の原子との単結合の極性が最も大きいものを，次の①～⑤
のうちから一つ選べ。
① $C-N$ ② $C-O$ ③ $C-F$
④ $C-Cl$ ⑤ $C-Br$

□**10.** 分子が直線形であるものを，次の①～④のうちから一つ選べ
① メタン ② 水
③ 二酸化炭素 ④ アンモニア

□**11.** 極性分子であるものを，次の①～⑥のうちから二つ選べ。
① CO_2 ② Cl_2 ③ H_2
④ H_2O ⑤ NH_3 ⑥ CH_4

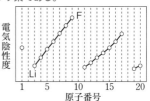

□ 7 . 解答 ✕ 電気陰性度の大きい原子が，電子をより強く引きつける。

電気陰性度は，**原子が共有電子対を引きつける強さを表した値**である。電気陰性度が大きい原子ほど，共有電子対を強く引きつける。

□ 8 . 解答 ✕ 電気陰性度が最も大きいものはフッ素である。

一般に，電気陰性度は貴ガスを除く周期表の右上にある元素ほど大きい。

よって，第 2 周期では，Li が最も小さく，F が最も大きい。

□ 9 . 解答 ③

電気陰性度の差が大きいほど，結合の極性は大きい。

N，O，F，Cl，Br のうち，電気陰性度が最も大きい原子は F である。よって，C 原子と電気陰性度の差が最も大きい原子は F であり，結合の極性が最も大きいものは，③ C－F である。

□10. 解答 ③

① CH_4 は正四面体形，② H_2O は折れ線形，③ CO_2 は直線形，④ NH_3 は三角錐形の分子である。

□11. 解答 ④，⑤

分子の極性は，結合の極性と分子の形で決まる。

｛ 極性分子 …… 結合に極性があり，分子全体でも極性をもつ分子。
　無極性分子 … 結合に極性がない分子。または，結合には極性があるが，分子全体では極性をもたない分子。

（→は結合の極性を表し，矢印の向きに共有電子対が引きよせられている）

④，⑤は，結合に極性があり，分子内でその極性が打ち消されないので，極性分子である。

なお，②，③は結合に極性がない。また，①，⑥は結合には極性があるが，その極性が互いに打ち消し合うので，これらは無極性分子である。

3 分子結晶と共有結合結晶

☐ **12.** (○×) ドライアイスは，分子どうしが弱い分子間力により規則正しく配列している結晶である。

☐ **13.** (○×) 分子結晶には，昇華するものがある。

☐ **14.** (○×) ダイヤモンドは共有結合結晶であり，硬くて電気を通さない。

☐ **15.** (○×) 黒鉛の結晶では，1個の炭素原子が4個の炭素原子と共有結合でつながっている。

☐ **16.** (○×) 二酸化ケイ素の結晶では，1個のケイ素原子が2個の酸素原子と共有結合でつながっている。

4 高分子化合物

☐ **17.** (○×) ポリエチレンは，炭素，水素および酸素からなる高分子化合物で，ポリ袋などに用いられる。

☐ **18.** (○×) ポリエチレンテレフタラートは，飲料用ボトルに用いられている。

□**12.** **解答** ○

　ドライアイスは，多数の CO_2 分子が，分子間力により規則正しく配列してできた分子結晶である。

□**13.** **解答** ○

　分子結晶は，分子が弱い分子間力によってつながっているので，融点が低く，軟らかい。また，ドライアイス CO_2，ヨウ素 I_2 など昇華するものもある。

□**14.** **解答** ○

　ダイヤモンドは，多数の C 原子が共有結合でつながった共有結合結晶であり，右図に示すように**正四面体形の繰り返された構造**をもつ。ダイヤモンドは**非常に硬く，電気伝導性を示さない**。

□**15.** **解答** ✕　1個の炭素原子は3個の炭素原子とつながっている。

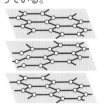

　黒鉛は，1個の C 原子が3個の C 原子と共有結合し，**正六角形が繰り返された平面層が何層にも重なった構造**をもつ。黒鉛は，C 原子の価電子のうち3個は共有結合に用いられるが，1個は平面層に沿って移動できるため，**電気伝導性を示す**。また，平面層間には弱い分子間力がはたらいているだけなので，**平面層に沿ってはがれやすく，軟らかい**。

□**16.** **解答** ✕　1個のケイ素原子は4個の酸素原子とつながっている。

　SiO_2 は，多数の Si 原子と O 原子が共有結合でつながった共有結合結晶であり，右図に示すように1個の Si 原子は4個の O 原子と結合している。

□**17.** **解答** ✕　ポリエチレンは，炭素，水素だけからなる。

　ポリエチレンは，エチレン $CH_2=CH_2$ が付加重合によりつながった高分子化合物である。ポリ袋などに用いられる。

□**18.** **解答** ○

　ポリエチレンテレフタラートは，テレフタル酸 $C_6H_4(COOH)_2$ とエチレングリコール $C_2H_4(OH)_2$ が縮合重合によりつながった高分子化合物である。飲料用ボトル，ポリエステル繊維などに用いられる。

8 | 金属結合

1 金属結合

□ **1.** (○×)　金属ナトリウムでは，ナトリウム原子の価電子は，金属全体を自由に動くことができない。

□ **2.** (○×)　銀は，電気伝導性や熱伝導性が大きい。

□ **3.** (○×)　金を強く叩くと，割れやすい。

□ **4.** (○×)　金属元素の単体は，すべて常温・常圧で固体である。

2 合　金

□ **5.** (○×)　ジュラルミンは，アルミニウムを主成分とする合金であり，軽くて強い。

□ **6.** (○×)　ステンレス鋼は，鉄を主成分とする合金であり，さびにくい特性をもつ。

□ **7.** (○×)　青銅は，銅と銀の合金であり，美術工芸品などに用いられる。

□ **8.** (○×)　黄銅は，銅と亜鉛の合金であり，5円硬貨などに用いられる。

🔍 解答・ポイント

□ **1.** **解答** ✕　価電子は，金属全体を自由に動くことができる。

　　Na は金属結合で結びついており，各原子の価電子は結晶全体を自由に動きまわる。このような価電子は自由電子という。一般に，**金属元素の原子どうしは金属結合で結びつく**。

□ **2.** **解答** ◯

　　Ag は金属結晶であり，自由電子が存在するため，**電気や熱をよく伝える**。

□ **3.** **解答** ✕　金を強く叩いても割れない。

　　Au は金属結晶であり，**展性や延性を示す**。よって，強く叩いても割れない。なお，金属結晶が展性や延性を示すのは，自由電子が結晶全体を自由に移動できるため，金属原子の配列がずれても金属結合が切れないからである。

□ **4.** **解答** ✕　金属元素の単体のうち，水銀は液体である。

　　金属元素の単体のうち，Hg のみが常温・常圧で液体であり，その他のすべては，常温・常圧で固体である。

□ **5.** **解答** ◯

　　ジュラルミンは，Al に Cu や Mg などを添加した合金で，軽くて強い。航空機の機体などに用いられる。

□ **6.** **解答** ◯

　　ステンレス鋼は，Fe に Cr，Ni を添加した合金で，さびにくい。台所用品，工具などに用いられる。

□ **7.** **解答** ✕　青銅は，銅とスズの合金である。

　　青銅は，Cu と Sn の合金で，さびにくく，鋳造しやすい。美術品，鐘，10円硬貨などに用いられる。

□ **8.** **解答** ◯

　　黄銅は，Cu と Zn の合金で，美しく，加工しやすい。金管楽器，5円硬貨などに用いられる。

1 物質の分類

□ **1.** イオン結合を含まないものを，次の①〜⑤のうちから一つ選べ。

   ① HCl   ② NH_4Cl ③ KBr

   ④ $Ca(OH)_2$ ⑤ $BaCl_2$

□ **2.** 物質とそれを構成する化学結合との組合せとして**適当でないもの**を，次の①〜⑤のうちから一つ選べ。

	物　質	構成する化学結合
①	塩　素	共有結合
②	アンモニア	配位結合
③	銅	金属結合
④	塩化ナトリウム	イオン結合
⑤	水酸化ナトリウム	イオン結合と共有結合

解答・ポイント

□ **1.** 解答 ①

① H と Cl はともに非金属であり，共有結合で結びついている。
なお，HCl を水に溶かすと，電離して H^+ と Cl^- になるが，結合の種類と水に溶けて電離するかどうかは直接関係ないことに注意しよう。

② アンモニウム塩であり，NH_4^+ と Cl^- がイオン結合で結びついている。

③ K は金属，Br は非金属であり，K^+ と Br^- がイオン結合で結びついている。

④ Ca は金属，O と H は非金属であり，Ca^{2+} と OH^- がイオン結合で結びついている。

⑤ Ba は金属，Cl は非金属であり，Ba^{2+} と Cl^- がイオン結合で結びついている。

□ **2.** 解答 ②

① Cl は非金属であり，Cl_2 では Cl 原子が共有結合で結びついている。

② N と H は非金属であり，NH_3 では N 原子と H 原子が共有結合で結びついている。なお，NH_4^+ は，NH_3 に H^+ が配位結合してできる。

③ Cu は金属であり，Cu では多数の Cu 原子が金属結合で結びついている。

④ Na は金属，Cl は非金属であり，NaCl では Na^+ と Cl^- がイオン結合で結びついている。

⑤ Na は金属，O と H は非金属であり，NaOH では Na^+ と OH^- がイオン結合で結びついている。また，OH^- 中で，O と H は共有結合で結びついている。

《化学結合の種類の判定》

化学結合の種類は，一般に次のようになる。

・金属元素の原子どうし ……………… 金属結合

・金属元素と非金属元素の原子 …… イオン結合

・非金属元素の原子どうし ………… 共有結合

　ただし，H_3O^+，NH_4^+ には配位結合を含む。

　アンモニウム塩では，NH_4^+ と陰イオンがイオン結合。

□ **3.** 次の記述(**a** 〜 **c**)に当てはまるものを，下の①〜⑧のうちからそれぞれ二つずつ選べ。

a イオン結晶であるもの。

b 分子結晶であるもの。

c 共有結合結晶であるもの。

① ヨウ素　　② 二酸化ケイ素　　③ ドライアイス

④ ケイ素　　⑤ 銅　　⑥ 硫酸アンモニウム

⑦ 白　金　　⑧ 炭酸カルシウム

□ **4.** 分子式であるものを，次の①〜⑥のうちから一つ選べ。

① SO_2　　② Ag_2O　　③ Fe

④ $NaOH$　　⑤ $MgCl_2$　　⑥ $(NH_4)_2SO_4$

□ **3.** 解答 a：⑥, ⑧　　b：①, ③　　c：②, ④

①～⑧の結晶は次のように分類できる。

金属結晶 ………… ⑤ Cu, ⑦ Pt

イオン結晶 ……… ⑥ $(NH_4)_2SO_4$, ⑧ $CaCO_3$

共有結合結晶 …… ② SiO_2, ④ Si

分子結晶 ………… ① I_2, ③ CO_2

□ **4.** 解答 ①

⎧分子式 …… 分子を構成する原子の種類と数を表した化学式

⎨組成式 …… 分子をつくらない物質を構成する原子（原子団）の種類と数の比

⎩　　　　　　を表した化学式

結晶が，**金属結晶，イオン結晶，共有結合結晶に分類される物質は，**分子をつくらず，**組成式で表される。**

② Ag_2O, ④ NaOH, ⑤ $MgCl_2$, ⑥ $(NH_4)_2SO_4$ はイオン結晶に，③ Fe は金属結晶に分類され，これらは組成式である。

① SO_2 は分子式である。

《**結晶の分類**》

結晶は，構成する元素の種類により次のように分類できる。

• 金属元素のみ ……………… 金属結晶

• 金属元素と非金属元素 …… イオン結晶

• 非金属元素のみ

　　• ダイヤモンド C，黒鉛 C，

　　　ケイ素 Si，二酸化ケイ素 SiO_2 …………… 共有結合結晶

　　• アンモニウム塩（NH_4Cl など）……………… イオン結晶

　　• その他 …………………………………………… 分子結晶

□ **5.** 次の物質 A ～ C を，融点の高い順に並べたものとして最も適当なものを，下の①～⑥のうちから一つ選べ。

A　ダイヤモンド　　B　アルミニウム　　C　酸化アルミニウム

① A＞B＞C　　② A＞C＞B　　③ B＞A＞C
④ B＞C＞A　　⑤ C＞A＞B　　⑥ C＞B＞A

□ **6.** 沸点が最も低い物質を，次の①～⑥のうちから一つ選べ。

① リチウム　　　② 水　銀　　　③ 塩化ナトリウム
④ メタン　　　　⑤ エタノール　　⑥ 鉄

□ **7.** 物質 A ～ C は，塩化カルシウム，グルコース(ブドウ糖)，二酸化ケイ素のいずれかである。物質 A ～ C について次の実験 I・II を行った。実験の結果から考えられる物質 A ～ C の組合せとして最も適当なものを，下の①～⑥のうちから一つ選べ。

実験 I　同じ質量の物質 A ～ C を別々のビーカーに入れ，それぞれのビーカーに同じ量の純水を加えてよくかき混ぜたところ，物質 A は溶けなかったが，物質 B と C は完全に溶けた。

実験 II　実験 I で得られた物質 B と C の水溶液の電気伝導性を調べたところ，物質 C の水溶液のみ電気をよく通した。

	物質 A	物質 B	物質 C
①	塩化カルシウム	グルコース	二酸化ケイ素
②	塩化カルシウム	二酸化ケイ素	グルコース
③	グルコース	塩化カルシウム	二酸化ケイ素
④	グルコース	二酸化ケイ素	塩化カルシウム
⑤	二酸化ケイ素	塩化カルシウム	グルコース
⑥	二酸化ケイ素	グルコース	塩化カルシウム

□ **5.** 解答 ②

一般に，融点の大小関係は次のようになる。

共有結合結晶＞イオン結晶＞金属結晶＞分子結晶

A（ダイヤモンド）は共有結合結晶，B（アルミニウム）は金属結晶，C（酸化アルミニウム）はイオン結晶なので，融点は A ＞ C ＞ B である。

□ **6.** 解答 ④

常温（25℃）で，④ CH_4 のみが気体である。よって，④の沸点のみが常温より低いので，沸点が最も低い物質は④である。

なお，①Li，②Hg，⑥Fe は金属結晶，③NaCl はイオン結晶，④CH_4，⑤C_2H_5OH は分子である。よって，沸点は，①，②，③，⑥より，④，⑤の方が低いことがわかる。

□ **7.** 解答 ⑥

塩化カルシウム $CaCl_2$ はイオン結晶，グルコース $C_6H_{12}O_6$ は分子結晶，二酸化ケイ素 SiO_2 は共有結合結晶である。

実験Ⅰについて，$CaCl_2$ とグルコースは水に溶けるが，共有結合結晶である SiO_2 は水に溶けない。よって，A は SiO_2 である。

実験Ⅱについて，イオン結晶を水に溶かすと，電気伝導性を示す。よって，C はイオン結晶である $CaCl_2$，B はグルコースである。

注 イオン結晶は水に溶けやすいものが多いが，塩化銀 AgCl，炭酸カルシウム $CaCO_3$，硫酸バリウム $BaSO_4$ などは水に溶けにくい。

《結晶の性質》

	共有結合結晶	イオン結晶	金属結晶	分子結晶
化学式	組成式	組成式	組成式	分子式
融点	非常に高い	高い	一般に高い	低い
機械的性質	非常に硬い※1	硬いがもろい	展性・延性に富む	軟らかい
電気伝導性	なし※1	なし※2	あり	なし

※1 黒鉛は，軟らかく，電気伝導性あり。
　　ケイ素は，電気を少し導く（半導体）。
※2 水溶液や融解液は電気伝導性あり。

コラム❶　　飲料水を用いた実験考察（試行調査からの抜粋）

　次のラベルが貼ってある2種類の飲料水 X，Y を見分けるために，BTB（ブロモチモールブルー）溶液を加えたときの色と，水溶液に電極を入れて電球をつないだ結果を調べた。結果をまとめた下表の空欄を埋めてみよう。

飲料水 X

| 名称：ボトルウォーター |
| 原材料名：水（鉱水） |

栄養要素（100 mL あたり）	
エネルギー	0 kcal
タンパク質・脂質・炭水化物　　0 g	
ナトリウム	0.8 mg
カルシウム	1.3 mg
マグネシウム	0.64 mg
カリウム	0.16 mg
pH 値　8.8 ～ 9.4　　硬度　59 mg/L	

飲料水 Y

| 名称：ナチュラルミネラルウォーター |
| 原材料名：水（鉱水） |

栄養要素（100 mL あたり）	
エネルギー	0 kcal
タンパク質・脂質・炭水化物　　0 g	
ナトリウム	1.42 mg
カルシウム	54.9 mg
マグネシウム	11.9 mg
カリウム	0.41 mg
pH 値　7.2　　硬度　約 1849 mg/L	

	BTB 溶液	電　球
飲料水 X		
飲料水 Y		

　BTB 溶液の色は，酸性で黄色，塩基性で青色，中性付近で緑色になる。
　　飲料水 X：pH 8.8 ～ 9.4（塩基性）なので，**青色**。
　　飲料水 Y：pH 7.2（中性付近）なので，**緑色**。
　電球は，水溶液が電気伝導性を示すと点灯する。水溶液中にイオンが含まれると，電気伝導性を示す。なお，ラベルの金属は，単体ではなく，水溶液中に含まれる金属イオンを表す。
　　飲料水 X：イオンが非常に少ないので，電球は**点灯しない**。
　　飲料水 Y：イオンが多いので，電球は**点灯する**。

第Ⅱ章

物質の変化

1 | 化学量，溶液の濃度

1 化 学 量

□ **1.** (○×)　炭素の原子量は 12 と定義されている。

□ **2.**　次の文章中の　ア　～　ウ　に当てはまる数値，式を，下の①〜⑥のうちから一つ選べ。

　　分子量が M の気体分子 1 mol に含まれる分子の数は，約　ア　個であり，その質量は　イ　g である。また，0 ℃，$1.013×10^5$ Pa において，この気体 1 mol の体積は　ウ　L である。

① $3.0×10^{23}$ 　　② $6.0×10^{23}$ 　　③ M 　　④ $\dfrac{1}{M}$

⑤ 11.2 　　⑥ 22.4

2 溶液の濃度

□ **3.** (○×)　水 100 g に塩化ナトリウム 20 g が溶けている塩化ナトリウム水溶液の質量パーセント濃度は 20 ％である。

□ **4.** (○×)　モル濃度は，溶液 1 kg 中の溶質の物質量〔mol〕で定義される。

解答・ポイント

□ **1.** 解答 ✕ 質量数 12 の炭素原子の相対質量を 12 と定義されている。

質量数 12 の炭素原子 ^{12}C の質量を 12 とし，それを基準に他の原子の相対質量が決められている。多くの元素には同位体が存在するので，原子量は，相対質量とその存在比から求めた平均値で決まる。

炭素原子には同位体が存在するので，炭素の原子量は正確に 12 ではない。

□ **2.** 解答 ア：② イ：③ ウ：⑥

アボガドロ数（約 $6.0×10^{23}$）個の粒子の集団を 1 mol と定義している。分子 1 mol の質量は，分子量に g の単位をつけた量に等しい。また，0 ℃，$1.013×10^5$ Pa（標準状態）における気体 1 mol の体積は 22.4 L である。

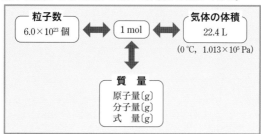

□ **3.** 解答 ✕ 質量パーセント濃度は 20 ％ではない。

$$質量パーセント濃度 = \frac{溶質の質量〔g〕}{溶液の質量〔g〕}×100$$

溶液の質量は，溶質（NaCl）の質量と溶媒（水）の質量の和なので，
100 g ＋ 20 g ＝ 120 g である。この水溶液に溶質が 20 g 溶けているので，質量パーセント濃度は $\frac{20\ g}{120\ g}×100 = 16.6 ≒ 17（％）$である。

□ **4.** 解答 ✕ 溶液 1 L 中の溶質の物質量で定義される。

モル濃度は，溶液 1 L 中に溶けている溶質の物質量〔mol〕で表した濃度である。

$$モル濃度〔mol/L〕 = \frac{溶質の物質量〔mol〕}{溶液の体積〔L〕}$$

1 | 化学反応式

□ **1.** 次の化学反応式の係数($a \sim c$)に当てはまる数値を，下の①〜⑨のうちから一つずつ選べ。

$$C_2H_4O_2 + a\,O_2 \longrightarrow b\,CO_2 + c\,H_2O$$

① 1 ② 2 ③ 3 ④ 4 ⑤ 5
⑥ 6 ⑦ 7 ⑧ 8 ⑨ 9

□ **2.** 我が国の火力発電所では，燃料の燃焼で生じるガス中に含まれる微量の一酸化窒素を，触媒の存在下でアンモニアおよび酸素と反応させる方法で，無害な窒素に変えて排出している。このことに関連する次の化学反応式中の係数($a \sim c$)に当てはまる数値を，下の①〜⑨のうちから一つずつ選べ。

$$a\,NO + b\,NH_3 + O_2 \longrightarrow 4\,N_2 + c\,H_2O$$

① 1 ② 2 ③ 3 ④ 4 ⑤ 5
⑥ 6 ⑦ 7 ⑧ 8 ⑨ 9

□ **3.** 1 mol のプロパン C_3H_8 を完全燃焼させた。このとき，a (mol)の酸素が消費され，b (mol)の二酸化炭素と c (mol)の水が生成した。$a \sim c$ に当てはまる正しい数値を，次の①〜⑨のうちから一つずつ選べ。

① 1 ② 2 ③ 3 ④ 4 ⑤ 5
⑥ 6 ⑦ 7 ⑧ 8 ⑨ 9

🔖🔍 解答・ポイント

□ **1.** 解答 a：② b：② c：②

化学反応式では，同じ元素の原子の数が，両辺で等しい。

$$C_2H_4O_2 + a\,O_2 \longrightarrow b\,CO_2 + c\,H_2O$$

C 原子について，$2=b$

H 原子について，$4=2c$ $c=2$

O 原子について，$2+2a=2b+c$

$b=2$，$c=2$ より，$a=2$

□ **2.** 解答 a：④ b：④ c：⑥

$$a\,NO + b\,NH_3 + O_2 \longrightarrow 4\,N_2 + c\,H_2O$$

N 原子について，$a+b=8$ ……(1)

O 原子について，$a+2=c$ ……(2)

H 原子について，$3b=2c$ ……(3)

式(1)，式(2)より，$a=8-b=c-2$ $b+c=10$

式(3)より，$c=\dfrac{3}{2}b$ よって，$b+\dfrac{3}{2}b=10$ $b=4$

$c=\dfrac{3}{2}b$，$a=8-b$ より，$c=6$，$a=4$

□ **3.** 解答 a：⑤ b：③ c：④

プロパン C_3H_8 を完全燃焼させたときの変化は，次の化学反応式で表される。

$$C_3H_8 + 5\,O_2 \longrightarrow 3\,CO_2 + 4\,H_2O$$

反応式の係数は，変化する物質の物質量の比を表すので，1 mol の C_3H_8 を完全燃焼させたとき，5 mol の O_2 が消費され，3 mol の CO_2 と 4 mol の H_2O が生成する。

3 | 酸と塩基，塩，pH

1 酸と塩基の定義

□ **1.** (○✕)　水に溶かすと電離して水酸化物イオン OH^- を生じる物質は，塩基である。

□ **2.** (○✕)　水素イオン H^+ を受け取る物質は，酸である。

□ **3.** (○✕)　酸の水溶液は，青色のリトマス紙を赤色に変える性質がある。

□ **4.** (○✕)　水溶液中では，H^+ は水分子と結合して H_3O^+ として存在する。

□ **5.**　水が酸としてはたらいている反応を，次の①～④のうちから二つ選べ。
① $HCl + H_2O \longrightarrow H_3O^+ + Cl^-$
② $CH_3COO^- + H_2O \rightleftharpoons CH_3COOH + OH^-$
③ $CH_3COOH + H_2O \rightleftharpoons H_3O^+ + CH_3COO^-$
④ $CO_3^{2-} + H_2O \rightleftharpoons HCO_3^- + OH^-$

🔍 解答・ポイント

□ **1.** 解答 ○

> **アレニウスの定義**
> 酸　……　水溶液中で H^+ を生じる物質
> 塩基 ……　水溶液中で OH^- を生じる物質

□ **2.** 解答 ✕ H^+ を受け取る物質は，塩基である。

> **ブレンステッド・ローリーの定義**
> 酸　……　H^+ を与える物質
> 塩基 ……　H^+ を受け取る物質

□ **3.** 解答 ○

酸の水溶液　……　青色のリトマス紙を赤色に変える。
塩基の水溶液 ……　赤色のリトマス紙を青色に変える。

□ **4.** 解答 ○

水溶液中で H^+ は，H_2O と配位結合してオキソニウムイオン H_3O^+ として存在している。

□ **5.** 解答 ②, ④

ブレンステッド・ローリーの定義を考えればよい。

① $HCl + H_2O \longrightarrow H_3O^+ + Cl^-$
　　酸　　塩基

② $CH_3COO^- + H_2O \rightleftharpoons CH_3COOH + OH^-$
　　塩基　　　　　酸

③ $CH_3COOH + H_2O \rightleftharpoons H_3O^+ + CH_3COO^-$
　　酸　　　　　塩基

④ $CO_3^{2-} + H_2O \rightleftharpoons HCO_3^- + OH^-$
　　塩基　　　酸

以上より，H_2O が酸としてはたらいている反応は，②, ④である。

□ 6 .（○×）　硝酸は1価の強酸である。

□ 7 .（○×）　水酸化バリウムは，2価の弱塩基である。

□ 8 .（○×）　リン酸は3価の酸である。

□ 9 .（○×）　希硫酸の電離度は，希塩酸の電離度の2倍である。

□10.（○×）　0.1 mol/L の酢酸水溶液中の酢酸の電離度は，同じ濃度の塩酸中の
塩化水素の電離度より小さい。

□ **6.** 解答 ○
　　HNO$_3$ は 1 価の強酸である。
　　　HNO$_3$ $\longrightarrow$ H$^+$ + NO$_3^-$

□ **7.** 解答 ✕　Ba(OH)$_2$ は，2 価の強塩基である。
　　アルカリ金属およびアルカリ土類金属の水酸化物は強塩基である。
　　Ba はアルカリ土類金属であり，Ba(OH)$_2$ は 2 価の強塩基である。
　　　Ba(OH)$_2$ $\longrightarrow$ Ba^{2+} + 2 OH$^-$

□ **8.** 解答 ○
　　H$_3$PO$_4$ は 3 価の弱酸である。
　　　H$_3$PO$_4$ $\rightleftharpoons$ H$^+$ + H$_2$PO$_4^-$
　　　H$_2$PO$_4^-$ $\rightleftharpoons$ H$^+$ + HPO$_4^{2-}$
　　　HPO$_4^{2-}$ $\rightleftharpoons$ H$^+$ + PO$_4^{3-}$

□ **9.** 解答 ✕　希硫酸，希塩酸の電離度はともに 1 である。
　　H$_2$SO$_4$，HCl ともに強酸であり，電離度（電離している割合）は 1 である。
　　　H$_2$SO$_4$ の電離　H$_2$SO$_4$ $\longrightarrow$ H$^+$ + HSO$_4^-$
　　　　　　　　　　　　HSO$_4^-$ $\rightleftharpoons$ H$^+$ + SO$_4^{2-}$
　　HCl の電離　　HCl $\longrightarrow$ H$^+$ + Cl$^-$

□ **10.** 解答 ○
　　HCl は強酸であり，電離度は 1 である。一方，CH$_3$COOH は弱酸であり，電離度は 1 より小さい。
　　　CH$_3$COOH $\rightleftharpoons$ CH$_3$COO$^-$ + H$^+$
　　よって，CH$_3$COOH の電離度は，HCl の電離度より小さい。

《主な酸，塩基》				
	強酸	弱酸	強塩基	弱塩基
1 価	塩酸 HCl 硝酸 HNO$_3$	酢酸 CH$_3$COOH	水酸化ナトリウム NaOH 水酸化カリウム KOH	アンモニア NH$_3$
2 価	硫酸 H$_2$SO$_4$	二酸化炭素 CO$_2$(H$_2$CO$_3$) シュウ酸 (COOH)$_2$ 硫化水素 H$_2$S	水酸化カルシウム Ca(OH)$_2$ 水酸化バリウム Ba(OH)$_2$	水酸化マグネシウム Mg(OH)$_2$
3 価		リン酸 H$_3$PO$_4$		水酸化アルミニウム Al(OH)$_3$

□**11.** (○×) $[H^+]$と$[OH^-]$が等しい水溶液は，中性である。

□**12.** (○×) $[H^+] = 1.0 \times 10^{-x}$ mol/L のとき，pH は x である。

□**13.** (○×) 0.10 mol/L の希硫酸の pH は 1.0 である。

□**14.** ある 1 価の弱酸の 0.10 mol/L 水溶液における電離度は 2.0×10^{-2} である。この水溶液の pH はどの範囲にあるか。最も適当なものを，次の①〜⑧のうちから一つ選べ。

① pH < 1   ② 1 ≦ pH < 2   ③ 2 ≦ pH < 3
④ 3 ≦ pH < 4   ⑤ 4 ≦ pH < 5   ⑥ 5 ≦ pH < 6
⑦ 6 ≦ pH < 7   ⑧ 7 ≦ pH

□**15.** (○×) 0.010 mol/L の硫酸の pH は，同じ濃度の硝酸の pH より大きい。

□**16.** (○×) 0.10 mol/L のアンモニア水の pH は，同じ濃度の水酸化ナトリウム水溶液の pH より大きい。

□**11.** 解答 ○

酸性	中性	塩基性
$[H^+] > [OH^-]$	$[H^+] = [OH^-]$	$[H^+] < [OH^-]$

□**12.** 解答 ○

$$[H^+] = 1.0 \times 10^{-x} \, mol/L \text{ のとき, } pH = x$$

酸性 …… $pH < 7 \iff [H^+] > 1.0 \times 10^{-7} \, mol/L > [OH^-]$
中性 …… $pH = 7 \iff [H^+] = 1.0 \times 10^{-7} \, mol/L = [OH^-]$
塩基性 … $pH > 7 \iff [H^+] < 1.0 \times 10^{-7} \, mol/L < [OH^-]$

□**13.** 解答 × pH は 1.0 より小さい。
H₂SO₄ は 2 価の強酸なので,
$$[H^+] > 0.10 = 1.0 \times 10^{-1} \, mol/L \qquad pH < 1.0$$

□**14.** 解答 ③
電離度が 2.0×10^{-2} なので,電離した 1 価の弱酸は,
$$0.10 \, mol/L \times 2.0 \times 10^{-2} = 2.0 \times 10^{-3} \, mol/L$$
よって,$[H^+] = 2.0 \times 10^{-3} \, mol/L$
$1.0 \times 10^{-3} \, mol/L < 2.0 \times 10^{-3} \, mol/L < 1.0 \times 10^{-2} \, mol/L$ なので,
$2 < pH < 3$ である。

□**15.** 解答 × 硫酸の pH は,硝酸より小さい。
H₂SO₄ は 2 価の強酸,HNO₃ は 1 価の強酸なので,
$[H^+]$　H₂SO₄ 水溶液 $>$ HNO₃ 水溶液
pH　　H₂SO₄ 水溶液 $<$ HNO₃ 水溶液

□**16.** 解答 × アンモニア水の pH は,水酸化ナトリウム水溶液より小さい。
NH₃ は 1 価の弱塩基,NaOH は 1 価の強塩基なので,
$[OH^-]$　NH₃ 水 $<$ NaOH 水溶液
pH　　　NH₃ 水 $<$ NaOH 水溶液

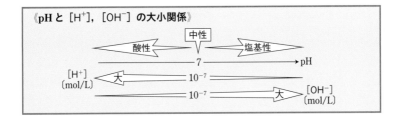

□**17.** （〇✕）　pH 2 の塩酸を水で 10 倍に薄めた水溶液の pH は 3 である。

□**18.** （〇✕）　pH 3 の塩酸を水で 10^5 倍に薄めると，水溶液の pH は 8 になる。

□**19.** （〇✕）　pH 11 の水酸化ナトリウム水溶液を水で 100 倍に薄めた水溶液の pH は 13 である。

4 塩

□**20.** （〇✕）　酸の陰イオンと塩基の陽イオンからなる化合物は塩である。

□**21.**　次の記述（a・b）に当てはまる塩を，下の①〜⑥のうちから二つずつ選べ。

　　a　水溶液の pH が 7 より小さいもの。
　　b　水溶液の pH が 7 より大きいもの。
　　① CH₃COONa　　② NaNO₃　　③ NaHCO₃
　　④ (NH₄)₂SO₄　　⑤ CaCl₂　　⑥ NaHSO₄

□**17.** 解答 ○

pH 2 の HCl 水溶液のモル濃度は 1×10^{-2} mol/L である。これを 10 倍に薄めると，$1 \times 10^{-2} \times \dfrac{1}{10} = 1 \times 10^{-3}$ mol/L の HCl 水溶液となり，pH は 3 である。

一般に，**強酸や強塩基の水溶液を 10 倍に薄めると，pH は 1 変化する。**

□**18.** 解答 ✕ 塩酸をいくら希釈しても pH ≧ 7 にはならない。

HCl 水溶液は酸性の水溶液なので，いくら薄めても pH は 7 に近づくだけで，pH ≧ 7 にはならない。

□**19.** 解答 ✕ pH は 9 になる。

強塩基である NaOH の水溶液を $100 = 10^2$ 倍に薄めると，pH は 7 に近づく方向に 2 変化する。よって，pH 11 から pH 9 になる。

□**20.** 解答 ○

塩は，酸の陰イオンと塩基の陽イオンが結びついた化合物である。

例えば，NaCl は HCl の陰イオン Cl^- と NaOH の陽イオン Na^+ が結びついた化合物である。

□**21.** 解答 a：④，⑥　　b：①，③

① CH_3COONa 水溶液 …… 塩基性（pH ＞ 7）
　　　　　　　　　　　　（CH_3COOH（弱酸）と NaOH（強塩基）の中和で得られる塩）
② $NaNO_3$ 水溶液 …… 中　性（pH ＝ 7）
　　　　　　　　　　　（HNO_3（強酸）と NaOH（強塩基）の中和で得られる塩）
③ $NaHCO_3$ 水溶液 …… 塩基性（pH ＞ 7）
　　　　　　　　　　　（H_2CO_3（弱酸）と NaOH（強塩基）の中和で得られる塩）
④ $(NH_4)_2SO_4$ 水溶液 …… 酸　性（pH ＜ 7）
　　　　　　　　　　　（H_2SO_4（強酸）と NH_3（弱塩基）の中和で得られる塩）
⑤ $CaCl_2$ 水溶液 …… 中　性（pH ＝ 7）
　　　　　　　　　　　（HCl（強酸）と $Ca(OH)_2$（強塩基）の中和で得られる塩）
⑥ $NaHSO_4$ 水溶液 …… 酸　性（pH ＜ 7）
　　　　　　　　　　　（硫酸水素塩の水溶液は酸性）

《塩の水溶液の性質》

・強酸と強塩基の中和で得られる塩の水溶液 …… 中　性

　　ただし，硫酸水素塩（$NaHSO_4$ など）は酸性

・弱酸と強塩基の中和で得られる塩の水溶液 …… 塩基性

・強酸と弱塩基の中和で得られる塩の水溶液 …… 酸　性

□**22.**（〇✕）　0.1 mol/L の酢酸水溶液と 0.1 mol/L の水酸化ナトリウム水溶液を同体積ずつ混合した水溶液は中性を示す。

□**23.**（〇✕）　0.1 mol/L の塩酸と 0.1 mol/L のアンモニア水を同体積ずつ混合した水溶液は酸性を示す。

□**24.**（〇✕）　0.1 mol/L の塩酸と 0.1 mol/L の水酸化バリウム水溶液を同体積ずつ混合した水溶液は中性を示す。

□**25.**（〇✕）　塩化アンモニウム水溶液に，水酸化ナトリウムを加えると，アンモニアが生成する。

□**26.**（〇✕）　酢酸ナトリウム水溶液に，水酸化ナトリウム水溶液を加えると，酢酸が生成する。

□22. 解答 ✕　塩基性を示す。

　　1 L ずつ混合したとする。

$$CH_3COOH \ + \ NaOH \ \longrightarrow \ CH_3COONa \ + \ H_2O$$

反応前	0.1 mol	0.1 mol	0
変化量	−0.1 mol	−0.1 mol	+0.1 mol
反応後	0	0	0.1 mol

　　反応後は，CH_3COONa 水溶液となっている。CH_3COONa は弱酸と強塩基の中和で得られる塩なので，その水溶液は塩基性を示す。

□23. 解答 ○

　　1 L ずつ混合したとする。

$$HCl \ + \ NH_3 \ \longrightarrow \ NH_4Cl$$

反応前	0.1 mol	0.1 mol	0
変化量	−0.1 mol	−0.1 mol	+0.1 mol
反応後	0	0	0.1 mol

　　反応後は，NH_4Cl 水溶液となっている。NH_4Cl は強酸と弱塩基の中和で得られる塩なので，その水溶液は酸性を示す。

□24. 解答 ✕　塩基性を示す。

　　1 L ずつ混合したとする。

$$2\,HCl \ + \ Ba(OH)_2 \ \longrightarrow \ BaCl_2 \ + \ 2\,H_2O$$

反応前	0.1 mol	0.1 mol	0
変化量	−0.1 mol	−0.05 mol	+0.05 mol
反応後	0	0.05 mol	0.05 mol

　　反応後は，強塩基である $Ba(OH)_2$ が残っているので，水溶液は塩基性を示す。

□25. 解答 ○

　　弱塩基の塩に強塩基を加えると，弱塩基が遊離する。

$$\underset{\text{弱塩基の塩}}{NH_4Cl} \ + \ \underset{\text{強塩基}}{NaOH} \ \longrightarrow \ \underset{\text{弱塩基}}{NH_3} \ + \ H_2O \ + \ NaCl$$

□26. 解答 ✕　変化は起こらない。

　　弱酸の塩である CH_3COONa に強塩基である $NaOH$ を加えても変化は起こらない。

　　なお，**弱酸の塩に強酸を加えると，弱酸が遊離する。**例えば，CH_3COONa 水溶液に HCl 水溶液を加えると，CH_3COOH が生成する。

$$\underset{\text{弱酸の塩}}{CH_3COONa} \ + \ \underset{\text{強酸}}{HCl} \ \longrightarrow \ \underset{\text{弱酸}}{CH_3COOH} \ + \ NaCl$$

1 滴定曲線と指示薬

☐ **1.** 図は，ある酸の 0.10 mol/L 水溶液 20 mL を，ある塩基の 0.10 mol/L 水溶液で中和滴定したときの滴定曲線である。ただし，pH は pH メーター（pH 計）を用いて測定した。次の問い（**a・b**）に答えよ。

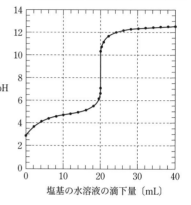

a この酸と塩基の組合せとして最も適当なものを，次の①〜④のうちから一つ選べ。

① 塩酸と水酸化ナトリウム
② 酢酸と水酸化ナトリウム
③ 塩酸とアンモニア水
④ 酢酸とアンモニア水

b 指示薬を用いてこの滴定の中和点を決めたい。その指示薬に関する記述として最も適当なものを，次の①〜④のうちから一つ選べ。

① メチルオレンジを用いる。
② フェノールフタレインを用いる。
③ メチルオレンジとフェノールフタレインのどちらを用いても決められる。
④ メチルオレンジとフェノールフタレインのどちらを用いても決められない。

☐ **2.** 約 0.1 mol/L の水溶液 A の濃度を正確に決めるため，0.100 mol/L の水溶液 B と指示薬 C を用いて中和滴定する。このとき，A，B，C の組合せとして適当でないものを，次の①〜⑤のうちから一つ選べ。

	A	B	C
①	水酸化ナトリウム水溶液	塩　酸	フェノールフタレイン
②	アンモニア水	塩　酸	フェノールフタレイン
③	酢酸水溶液	水酸化ナトリウム水溶液	フェノールフタレイン
④	水酸化ナトリウム水溶液	硫酸水溶液	メチルオレンジ
⑤	アンモニア水	硫酸水溶液	メチルオレンジ

📖🔍 解答・ポイント

□ **1 . 解答** a：② b：②

a 選択肢①〜④の滴定曲線は，次のようになる。

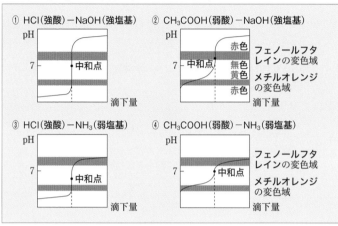

① HCl（強酸）−NaOH（強塩基） ② CH₃COOH（弱酸）−NaOH（強塩基）

③ HCl（強酸）−NH₃（弱塩基） ④ CH₃COOH（弱酸）−NH₃（弱塩基）

問題の図の滴定曲線は②である。

b 中和点付近での急激な pH 変化の範囲内に変色域をもつ指示薬を用いることができる。この滴定では，フェノールフタレインを用いることはできるが，メチルオレンジを用いることはできない。

酸と塩基の組合せ	メチルオレンジ	フェノールフタレイン
強酸−強塩基	使用できる	使用できる
弱酸−強塩基	**使用できない**	使用できる
強酸−弱塩基	使用できる	**使用できない**
弱酸−弱塩基	**使用できない**	**使用できない**

□ **2 . 解答** ②

用いた酸と塩基の強弱に着目する。

	A	B	メチルオレンジ	フェノールフタレイン
①	強塩基	強酸	使用できる	使用できる
②	**弱塩基**	強酸	使用できる	**使用できない**
③	**弱酸**	強塩基	**使用できない**	使用できる
④	強塩基	強酸	使用できる	使用できる
⑤	**弱塩基**	強塩基	使用できる	**使用できない**

□ **3.** 酢酸水溶液の濃度を中和滴定によって決めるために，あらかじめ純水で洗浄した器具を用いて，次の操作1〜3からなる実験を行った。これに関する下の問い(**a**〜**c**)に答えよ。

操作1　酢酸水溶液を器具 A で 10.0 mL とり，これを 100 mL の器具 B に移し，純水を加えて 100 mL とした。

操作2　操作1で調製した水溶液を別の器具 A で 10.0 mL とり，これをコニカルビーカーに移し，指示薬としてフェノールフタレイン溶液を加えた。

操作3　0.110 mol/L 水酸化ナトリウム水溶液を器具 C に入れて，操作2の水溶液を滴定した。

a　器具 A 〜 C として最も適当なものを，次の①〜⑤のうちから一つずつ選べ。

① メスシリンダー　　② メスフラスコ　　③ ビュレット
④ 駒込ピペット　　　⑤ ホールピペット

b　実験器具に関する記述として誤りを含むものを，次の①〜④のうちから一つ選べ。

① 操作1において，器具 A の内部に水滴が残っていたので，内部を酢酸水溶液で洗ってから用いた。

② 操作1において，器具 B の内部に水滴が残っていたが，そのまま用いた。

③ 操作2において，コニカルビーカーの内部に水滴が残っていたので，内部を操作1で調製した水溶液で洗ってから用いた。

④ 操作3において，器具 C の内部に水滴が残っていたので，内部を水酸化ナトリウム水溶液で洗ってから用いた。

c　中和点での色の変化として最も適当なものを，次の①〜④のうちから一つ選べ。

① 黄色→赤色　　　② 赤色→黄色
③ 無色→淡赤色　　④ 赤色→無色

□ **3.** 解答 **a** A：⑤　　B：②　　C：③

　　　b　③　水滴が残っていても，そのまま用いる。
　　　　　　（水溶液で洗ってはいけない。）

　　　c　③

a　器具A：一定体積の溶液を正確にはかりとるには，**ホールピペット**を用い
　　　　　る。
　　器具B：正確な濃度の溶液を調製するには，**メスフラスコ**を用いる。
　　器具C：滴下した水溶液の体積を正確にはかるには，**ビュレット**を用いる。

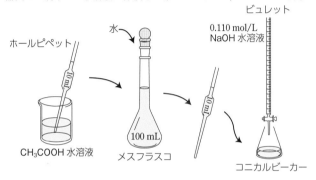

ホールピペット　　　水　　　　　　　　　0.110 mol/L
　　　　　　　　　　　　　　　　　　　　NaOH 水溶液
　　　　　　　　　　　　　　　　　　　ビュレット

CH₃COOH 水溶液　　100 mL　メスフラスコ　　コニカルビーカー

b　純水で洗浄した器具を用いる場合，次のようにする。
　・はかりとる溶液で内部を数回洗浄してから用いる。
　　　　　…… **ホールピペット，ビュレット**
　　（**理由**）内部に水滴が残っていると溶液の濃度が小さくなるため，体積を
　　　　　正確にはかっても含まれる溶質の量が少なくなってしまい，滴定値に
　　　　　影響がでる。
　・純水でぬれたまま用いる。
　　　　　…… **メスフラスコ，コニカルビーカー**
　　（**理由**）メスフラスコは，溶液を入れた後，さらに純水を加えるため，水
　　　　　滴が残っていても影響はない。
　　　　　　また，コニカルビーカーは，内部に水滴が残っていて溶液が薄まっ
　　　　　ても，溶質の量は変わらないので，滴定値に影響はない。
c　酢酸水溶液に水酸化ナトリウム水溶液を滴下しているので，中和点では，
　　フェノールフタレインが無色から淡赤色に変化する。

5 | 酸化と還元

1 酸化還元の定義

☐ **1.** (○✕)　酸化還元反応では，必ず酸素原子または水素原子が関与する。

☐ **2.** (○✕)　還元剤は，反応する相手により酸化される物質である。

☐ **3.** (○✕)　酸化剤は，反応の際に電子を失う物質である。

2 酸 化 数

☐ **4.**　下線を付した原子の酸化数を比べたとき，酸化数が最も大きいものを，次の①〜⑤のうちから一つ選べ。

①　$\underline{N}_2$　　　　②　$\underline{N}H_3$　　　③　$\underline{N}O_2$

④　$H\underline{N}O_3$　　　⑤　$\underline{N}H_4NO_3$

☐ **5.**　次の化合物(a〜d)のうち，下線を付した原子の酸化数が等しいものの組合せを，下の①〜⑥のうちから一つ選べ。

a　$(\underline{C}OOH)_2$　　　b　$H\underline{Cl}O_3$

c　$K_2\underline{Cr}_2O_7$　　　d　$H_3\underline{P}O_4$

①　a・b　　②　a・c　　③　a・d

④　b・c　　⑤　b・d　　⑥　c・d

📖🔍 解答・ポイント

□ **1.** 解答 ✕　必ずしも酸素原子または水素原子が関与するとは限らない。

酸化還元反応では，必ずしも O 原子や H 原子が関与するわけではない。

（例）$2\,Na + Cl_2 \longrightarrow 2\,NaCl$

□ **2.** 解答 ◯

　　　⎰ 酸化剤 …… 相手を酸化し，自身は還元される物質。
　　　⎱ 還元剤 …… 相手を還元し，自身は酸化される物質。

□ **3.** 解答 ✕　酸化剤は，反応の際に電子を受け取る物質である。

　　　⎰ 酸化剤 …… 相手から e^- を受け取って，還元される。
　　　⎱ 還元剤 …… 相手に e^- を与え，酸化される。

《酸化還元の定義》

	酸素原子を	水素原子を	電子を	酸化数が
酸化される	受け取る	失う	失う	増加する
還元される	失う	受け取る	受け取る	減少する

□ **4.** 解答 ④

下線を付した N の酸化数を x とすると，

① 単体であり，$x=0$
② $x+(+1)\times3=0$　　$x=-3$
③ $x+(-2)\times2=0$　　$x=+4$
④ $(+1)+x+(-2)\times3=0$　　$x=+5$
⑤ NH_4^+ と NO_3^- からなるので，$x+(+1)\times4=+1$　　$x=-3$

□ **5.** 解答 ⑤

下線を付した原子の酸化数を x とすると，

a　$\{x+(-2)\times2+(+1)\}\times2=0$　　$x=+3$
b　$(+1)+x+(-2)\times3=0$　　$x=+5$
c　$2\,K^+$ と $Cr_2O_7^{2-}$ からなるので，$x\times2+(-2)\times7=-2$　　$x=+6$
d　$(+1)\times3+x+(-2)\times4=0$　　$x=+5$

《酸化数の決め方》

・単体　酸化数 $= 0$　　　・化合物　酸化数の総和 $= 0$

・イオン　酸化数の総和＝イオンの価数に符号をつけた値

・化合物中の H の酸化数 $= +1$

　　　　　O の酸化数 $= -2$　（ただし，H_2O_2 中の O の酸化数 $= -1$）

□ **6.** 次の反応ア〜キのうち，酸化還元反応でないものはいくつあるか。その
数を，下の①〜⑦のうちから一つ選べ。

ア $H_2S + H_2O_2 \longrightarrow S + 2H_2O$

イ $2KI + Cl_2 \longrightarrow I_2 + 2KCl$

ウ $K_2Cr_2O_7 + 2KOH \longrightarrow 2K_2CrO_4 + H_2O$

エ $SO_2 + H_2O_2 \longrightarrow H_2SO_4$

オ $(COOH)_2 + 2NaOH \longrightarrow (COONa)_2 + 2H_2O$

カ $N_2 + 3H_2 \longrightarrow 2NH_3$

キ $3Cu + 8HNO_3 \longrightarrow 3Cu(NO_3)_2 + 4H_2O + 2NO$

① 1 　　② 2 　　③ 3 　　④ 4

⑤ 5 　　⑥ 6 　　⑦ 7

□ **6.** 解答 ②

酸化数の変化する原子を含む反応が，酸化還元反応である。

ア $H_2\underline{S} + \underline{H_2O_2} \longrightarrow \underline{S} + 2H_2\underline{O}$
$\quad -2 \qquad -1 \qquad\quad 0 \qquad\quad -2$

H₂S が酸化され，H₂O₂ が還元されている。

イ $2K\underline{I} + \underline{Cl_2} \longrightarrow \underline{I_2} + 2K\underline{Cl}$
$\quad\ -1 \quad\ 0 \qquad\quad 0 \qquad\ -1$

KI が酸化され，Cl₂ が還元されている。

ウ $K_2Cr_2O_7 + 2KOH \longrightarrow 2K_2CrO_4 + H_2O$

酸化数は H：+1，O：−2，K：+1，Cr：+6 で変化しておらず，酸化還元反応ではない。

エ $\underline{S}O_2 + \underline{H_2O_2} \longrightarrow H_2\underline{S}\,\underline{O_4}$
$\ +4 \qquad\ -1 \qquad\qquad +6\ -2$

SO₂ が酸化され，H₂O₂ が還元されている。

オ $(COOH)_2 + 2NaOH \longrightarrow (COONa)_2 + 2H_2O$

酸化数は H：+1，O：−2，C：+3，Na：+1 で変化しておらず，酸化還元反応ではない。

なお，この反応は中和反応である。

カ $\underline{N_2} + 3\underline{H_2} \longrightarrow 2\underline{N}\underline{H_3}$
$\ 0 \qquad\ 0 \qquad\qquad -3\ +1$

H₂ が酸化され，N₂ が還元されている。

キ $3\underline{Cu} + 8H\underline{N}O_3 \longrightarrow 3\underline{Cu}(NO_3)_2 + 4H_2O + 2\underline{N}O$
$\ \ 0 \qquad\ +5 \qquad\qquad\quad +2 \qquad\qquad\qquad\qquad +2$

Cu が酸化され，HNO₃ が還元されている。

※ Cu(NO₃)₂ は Cu²⁺ と NO₃⁻ からなるので，Cu の酸化数は +2 である。

以上より，酸化還元反応でない反応は，**ウ**と**オ**の 2 個である。

なお，**単体を含む反応は必ず酸化還元反応である**（酸化数の変化が必ずある）。このことを用いると，**ア，イ，カ，キ**は酸化還元反応であることがわかり，残りの**ウ，エ，オ**について酸化数を調べると解答できる。

□ **7.** 下線を付した物質が還元剤としてはたらいている化学反応式の組合せとして最も適当なものを，下の①〜⑥のうちから一つ選べ。

ア $2\,FeSO_4 + \underline{H_2O_2} + H_2SO_4 \longrightarrow Fe_2(SO_4)_3 + 2\,H_2O$

イ $2\,KMnO_4 + 5\,\underline{H_2O_2} + 3\,H_2SO_4$
$$\longrightarrow 2\,MnSO_4 + K_2SO_4 + 8\,H_2O + 5\,O_2$$

ウ $\underline{SO_2} + Br_2 + 2\,H_2O \longrightarrow H_2SO_4 + 2\,HBr$

エ $\underline{SO_2} + 2\,H_2S \longrightarrow 3\,S + 2\,H_2O$

① ア・イ　　② ア・ウ　　③ ア・エ

④ イ・ウ　　⑤ イ・エ　　⑥ ウ・エ

□ **7.** 解答 ④

　　還元剤は，相手を還元し，自身は酸化される。すなわち，**酸化数が増加する原子を含む。**

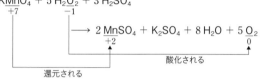

ア　$2\,\underline{Fe}SO_4 + H_2\underline{O}_2 + H_2SO_4 \longrightarrow \underline{Fe}_2(SO_4)_3 + 2\,H_2\underline{O}$
　　　$+2$　　　　-1　　　　　　　　　　　$+3$　　　　　-2

　　　　　　　　　　　　還元される
　　　　　　　　　　酸化される

　　　　　　　　　　　　　　H_2O_2 が酸化剤，$FeSO_4$ が還元剤である。

　　　　　　　　　※ $FeSO_4$ は Fe^{2+} と $SO_4{}^{2-}$ から，$Fe_2(SO_4)_3$ は Fe^{3+} と $SO_4{}^{2-}$ からなる。

イ　$2\,K\underline{Mn}O_4 + 5\,H_2\underline{O}_2 + 3\,H_2SO_4$
　　　　$+7$　　　　　-1

　　　　　　$\longrightarrow 2\,\underline{Mn}SO_4 + K_2SO_4 + 8\,H_2O + 5\,\underline{O}_2$
　　　　　　　　　　　　$+2$　　　　　　　　　　　　　　　0

　　　　　　　　　　　　　　　　　　　　　　酸化される

　　　　　　還元される

　　　　　　　　　　　　　H_2O_2 が還元剤，$KMnO_4$ が酸化剤である。

ウ　$\underline{S}O_2 + \underline{Br}_2 + 2\,H_2O \longrightarrow H_2\underline{S}O_4 + 2\,H\underline{Br}$
　　$+4$　　　0　　　　　　　　　　$+6$　　　　-1

　　　　　　　　　　還元される
　　　　　　酸化される　　　　SO_2 が還元剤，Br_2 が酸化剤である。

エ　$\underline{S}O_2 + 2\,H_2\underline{S} \longrightarrow 3\,\underline{S} + 2\,H_2O$
　　$+4$　　　　-2　　　　0

　　　　　　　　　酸化される
　　　　　　還元される　　　　SO_2 が酸化剤，H_2S が還元剤である。

《主な酸化剤・還元剤とその変化》			
酸化剤		還元剤	
過マンガン酸カリウム	$MnO_4{}^- \longrightarrow Mn^{2+}$	陽性の強い金属	$Na \longrightarrow Na^+$ など
二クロム酸カリウム	$Cr_2O_7{}^{2-} \longrightarrow Cr^{3+}$	ハロゲン化物イオン	$I^- \longrightarrow I_2$ など
過酸化水素	$H_2O_2 \longrightarrow H_2O$	過酸化水素	$H_2O_2 \longrightarrow O_2$
二酸化硫黄	$SO_2 \longrightarrow S$	二酸化硫黄	$SO_2 \longrightarrow SO_4{}^{2-}$
希硝酸	$HNO_3 \longrightarrow NO$	シュウ酸	$(COOH)_2 \longrightarrow CO_2$
濃硝酸	$HNO_3 \longrightarrow NO_2$	硫酸鉄(Ⅱ)	$Fe^{2+} \longrightarrow Fe^{3+}$
熱濃硫酸	$H_2SO_4 \longrightarrow SO_2$		
オゾン	$O_3 \longrightarrow O_2$		
ハロゲン	$Cl_2 \longrightarrow Cl^-$ など		
※ H_2O_2 と SO_2 は，相手の物質によって酸化剤にも還元剤にもなりうる。			

□ **8 .**（○×） オゾンは，酸化剤としてはたらくことができる。

□ **9 .**（○×） シュウ酸は，酸化剤としてはたらくことができる。

□**10.**（○×） 二酸化硫黄は，反応する相手によって酸化剤としても還元剤としてもはたらくことができる。

□**11.** 酸化還元反応を**含まない**ものを，次の①〜⑤のうちから一つ選べ。
① 水素と臭素を反応させると，臭化水素が生成する。
② 銅線を空気中で加熱すると，表面が黒くなった。
③ 硝酸銀水溶液に食塩水を加えると，白色沈殿が生成した。
④ 過酸化水素水に酸化マンガン(IV)を加えると，酸素が発生した。
⑤ 硫酸で酸性にした無色のヨウ化カリウム水溶液に過酸化水素水を加えると，ヨウ素が生じて溶液が褐色となった。

□ **8.** 解答 ○

オゾンは，次のように酸化剤としてはたらくことができる。

$$O_3 + 2H^+ + 2e^- \longrightarrow O_2 + H_2O$$

□ **9.** 解答 ✗ シュウ酸は，還元剤としてはたらく。

シュウ酸は，次のように還元剤としてはたらくことができる。

$$(COOH)_2 \longrightarrow 2CO_2 + 2H^+ + 2e^-$$

□ **10.** 解答 ○

二酸化硫黄は，相手によって，酸化剤としても還元剤としてもはたらくことができる。

$$SO_2 + 4H^+ + 4e^- \longrightarrow S + 2H_2O$$
$$SO_2 + 2H_2O \longrightarrow SO_4^{2-} + 4H^+ + 2e^-$$

なお，過酸化水素も，相手によって，酸化剤としても還元剤としてもはたらくことができる。

□ **11.** 解答 ③

この問題では反応式が与えられていないが，文中に出てくる物質に着目すると，酸化還元反応かどうかが判断できる。

なお，①，②，④，⑤は単体を含む反応であり，酸化還元反応であることが明らかである。

① H_2 と Br_2 から HBr が生じている。H の酸化数は 0 から +1 に，Br の酸化数は 0 から −1 に変化しており，酸化還元反応である。

$$H_2 + Br_2 \longrightarrow 2HBr$$

② Cu を空気中で加熱すると，黒くなった。これは，Cu が O_2 によって酸化され，CuO が生じたためである。

$$2Cu + O_2 \longrightarrow 2CuO$$

③ $AgNO_3$ 水溶液に NaCl 水溶液を加えると，AgCl の白色沈殿が生じる（**Cl の検出**）。酸化数は Ag：+1，Cl：−1 で変化していないため，酸化還元反応ではない。

$$AgNO_3 + NaCl \longrightarrow AgCl + NaNO_3$$

④ H_2O_2 水溶液に MnO_2 を加えると，O_2 が発生する。O の酸化数は −1 から 0 に変化しており，酸化還元反応である。なお，この反応では MnO_2 は触媒としてはたらいている。また，H_2O も生じており，H_2O_2 の一部が酸化され，一部が還元されている。

$$2H_2O_2 \longrightarrow 2H_2O + O_2$$

⑤ H_2O_2 と I^- が反応し，I_2 が生じている。I の酸化数は −1 から 0 に変化しており，酸化還元反応である。この反応では，H_2O_2 は酸化剤としてはたらいている。

$$2KI + H_2O_2 + H_2SO_4 \longrightarrow I_2 + K_2SO_4 + 2H_2O$$

※ I_2 は水に溶けにくいが，KI 水溶液には溶け，褐色の溶液となる。

12. 過マンガン酸カリウムの硫酸酸性水溶液に，シュウ酸水溶液を加えたところ，赤紫色の水溶液が無色になった。この化学反応に関連する記述として誤りを含むものを，次の①〜⑤のうちから一つ選べ。

① この化学反応では，二酸化炭素が発生する。
② 過マンガン酸イオンのマンガンの酸化数は +7 である。
③ 過マンガン酸イオンが還元されて，マンガンの酸化数は +4 となる。
④ シュウ酸の炭素原子の酸化数は +3 である。
⑤ 硫酸の硫黄原子の酸化数は，この反応により変化しない。

13. 硫酸酸性の二クロム酸カリウム水溶液に過酸化水素水を加えたとき，$Cr_2O_7^{2-}$ と H_2O_2 は，それぞれ次のように変化する。

$$Cr_2O_7^{2-} + 2aH^+ + be^- \longrightarrow 2Cr^{3+} + aH_2O \quad \cdots\cdots(1)$$
$$H_2O_2 \longrightarrow O_2 + 2H^+ + 2e^- \quad\quad\quad \cdots\cdots(2)$$

これらの反応式から e^- を消去すると，反応全体は次のように表される。

$$Cr_2O_7^{2-} + cH_2O_2 + dH^+ \longrightarrow 2Cr^{3+} + cO_2 + aH_2O$$

これらの反応式の係数 a, b, c, d に当てはまる数値を，次の①〜⑨のうちから一つずつ選べ。

① 1　　② 2　　③ 3　　④ 4　　⑤ 5
⑥ 6　　⑦ 7　　⑧ 8　　⑨ 9

14. MnO_4^- は，中性または塩基性水溶液中では酸化剤としてはたらき，次のように，ある2価の金属イオン M^{2+} を酸化することができる。

$$MnO_4^- + aH_2O + be^- \longrightarrow MnO_2 + 2aOH^- \quad \cdots\cdots(1)$$
$$M^{2+} \longrightarrow M^{3+} + e^- \quad\quad\quad\quad\quad \cdots\cdots(2)$$

これらの反応式から e^- を消去すると，反応全体は次のように表される。

$$MnO_4^- + cM^{2+} + aH_2O \longrightarrow MnO_2 + cM^{3+} + 2aOH^-$$

これらの反応式の係数 a, b, c に当てはまる数値を，次の①〜⑨のうちから一つずつ選べ。

① 1　　② 2　　③ 3　　④ 4　　⑤ 5
⑥ 6　　⑦ 7　　⑧ 8　　⑨ 9

□**12.** 【解答】③　マンガンの酸化数は + 2 となる。

H$_2$SO$_4$ で酸性にした KMnO$_4$ 水溶液に (COOH)$_2$ 水溶液を加えると，MnO$_4^-$ (赤紫色) が還元されて Mn^{2+} (ほぼ無色) に，(COOH)$_2$ が酸化されて CO$_2$ に変化する。このとき，H$_2$SO$_4$ は酸化も還元もされない。

$$\begin{cases} \underset{+7}{MnO_4^-} \longrightarrow \underset{+2}{Mn^{2+}} \\ \underset{+3}{(COOH)_2} \longrightarrow \underset{+4}{2\,CO_2} \end{cases}$$

なお，この反応の化学反応式は次のとおりである。

$$2\,KMnO_4 + 5\,(COOH)_2 + 3\,H_2SO_4$$
$$\longrightarrow 2\,MnSO_4 + K_2SO_4 + 8\,H_2O + 10\,CO_2$$

□**13.** 【解答】a：⑦　　b：⑥　　c：③　　d：⑧

「e$^-$ を授受する数＝酸化数の変化量」である。式(1)について，Cr の酸化数は +6 から +3 に減少しているので，Cr 1 個あたり e$^-$ を 3 個受け取る。1 個の Cr$_2$O$_7^{2-}$ には Cr が 2 個含まれるので，$b = 3 \times 2 = 6$ である。また，両辺の O 原子の数に着目すると，$a = 7$ である。

なお，両辺の電荷に着目した次の式から a を求めることもできる。

$$(-2) + 2a \times (+1) + b \times (-1) = 2 \times (+3)$$
$$Cr_2O_7^{2-} + 14\,H^+ + 6\,e^- \longrightarrow 2\,Cr^{3+} + 7\,H_2O \quad \cdots\cdots(1)$$
$$H_2O_2 \longrightarrow O_2 + 2\,H^+ + 2\,e^- \qquad\qquad \cdots\cdots(2)$$

酸化剤および還元剤の e$^-$ を含むイオン反応式から，e$^-$ を消去すると，全体のイオン反応式が得られる。

式(1)＋式(2)×3 より，

$$Cr_2O_7^{2-} + 3\,H_2O_2 + 8\,H^+ \longrightarrow 2\,Cr^{3+} + 3\,O_2 + 7\,H_2O$$

□**14.** 【解答】a：②　　b：③　　c：③

式(1)について，Mn の酸化数は +7 から +4 に減少しているので，MnO$_4^-$ 1 個あたり e$^-$ を 3 個受け取る。よって，$b = 3$ である。また，両辺の O 原子の数に着目すると，$4 + a = 2 + 2a$　　$a = 2$

なお，両辺の電荷に着目した次の式から a を求めることもできる。

$$(-1) + b \times (-1) = 2a \times (-1)$$
$$MnO_4^- + 2\,H_2O + 3\,e^- \longrightarrow MnO_2 + 4\,OH^- \quad \cdots\cdots(1)$$
$$M^{2+} \longrightarrow M^{3+} + e^- \qquad\qquad \cdots\cdots(2)$$

式(1)＋式(2)×3 より，

$$MnO_4^- + 3\,M^{2+} + 2\,H_2O \longrightarrow MnO_2 + 3\,M^{3+} + 4\,OH^-$$

1 イオン化傾向

□ **1.** (○×)　硫酸銅(II)水溶液に亜鉛を浸すと銅が析出する。

□ **2.** (○×)　塩化マグネシウム水溶液に鉄を浸すとマグネシウムが析出する。

□ **3.** (○×)　硝酸銀水溶液に銅を浸すと，銀イオンは還元される。

□ **4.**　金属 A と金属 B は，Au，Cu，Zn のいずれかである。A と B の金属板の表面をよく磨いて，金属イオンを含む水溶液にそれぞれ浸した。金属板の表面を観察したところ，表のようになった。A，B として正しいものを，下の ① ～ ③ のうちからそれぞれ一つずつ選べ。

金 属	水溶液に含まれる金属イオン	観察結果
A	Cu^{2+}	金属が析出した
A	Pb^{2+}	金属が析出した
A	Sn^{2+}	金属が析出した
B	Ag^+	金属が析出した
B	Pb^{2+}	金属が析出しなかった
B	Sn^{2+}	金属が析出しなかった

① Au　　② Cu　　③ Zn

🔍 解答・ポイント

□ **1.** [解答] ○

　　イオン化傾向が大きいものほど陽イオンになりやすい。 イオン化傾向が
Zn > Cu なので，Cu^{2+} と Zn が反応し，Cu が析出する。

$$Zn \longrightarrow Zn^{2+} + 2\,e^- \quad \cdots\cdots(1)$$
$$Cu^{2+} + 2\,e^- \longrightarrow Cu \quad \cdots\cdots(2)$$

　　式(1)+式(2)より，$Zn + Cu^{2+} \longrightarrow Zn^{2+} + Cu$

□ **2.** [解答] ✕　変化が起こらない。

　　イオン化傾向が Mg > Fe なので，Mg^{2+} と Fe では反応しない。

□ **3.** [解答] ○

　　イオン化傾向が Cu > Ag なので，Ag^+ と Cu が反応し，Ag が析出する。
このとき，Ag^+ は還元されている。

$$Cu + 2\,Ag^+ \longrightarrow Cu^{2+} + 2\,Ag$$

□ **4.** [解答] A：③　　B：②

　　イオン化傾向は，Zn > Sn > Pb > Cu > Ag > Au

　　金属 A　Cu^{2+}，Pb^{2+}，Sn^{2+} のいずれを含む水溶液に浸しても金属が析出し
たので，A のイオン化傾向は Cu，Pb，Sn のいずれよりも大きい。よって，
A は Zn である。

$$Zn + Cu^{2+} \longrightarrow Zn^{2+} + Cu$$
$$Zn + Pb^{2+} \longrightarrow Zn^{2+} + Pb$$
$$Zn + Sn^{2+} \longrightarrow Zn^{2+} + Sn$$

　　金属 B　Ag^+ を含む水溶液に浸すと金属が析出したが，Pb^{2+}，Sn^{2+} を含む
水溶液に浸しても金属が析出しなかったので，B のイオン化傾向は Ag より
大きく，Pb，Sn より小さい。よって，B は Cu である。

$$Cu + 2\,Ag^+ \longrightarrow Cu^{2+} + 2\,Ag$$
$$Cu + Pb^{2+} \longrightarrow 変化なし$$
$$Cu + Sn^{2+} \longrightarrow 変化なし$$

《イオン化傾向》

Li > K > Ca > Na > Mg > Al > Zn > Fe > Ni > Sn > Pb
$$> (H_2) > Cu > Hg > Ag > Pt > Au$$

2 金属単体の反応

□ **5.** （○×）　ナトリウムの単体は，常温で水と激しく反応して，酸素を発生する。

□ **6.** （○×）　マグネシウムは冷水とはほとんど反応しないが，熱水とは反応する。

□ **7.** （○×）　亜鉛は，希硫酸と希塩酸のいずれにも溶ける。

□ **8.** （○×）　アルミニウムは，濃硝酸に溶ける。

□ **9.** （○×）　鉛は，常温で希塩酸に溶けやすい。

□**10.** （○×）　銅は，希硝酸と濃硝酸のいずれにも溶ける。

□**11.** （○×）　金は，濃硝酸や濃塩酸には溶けないが，王水には溶ける。

□ **5.** **解答** ✕ ナトリウムは，常温で水と反応し，水素を発生する。

アルカリ金属，アルカリ土類金属の単体は，常温で水と反応し，H_2 を発生する。 $2Na + 2H_2O \longrightarrow 2NaOH + H_2$

□ **6.** **解答** ○

マグネシウムは熱水と反応する。
$Mg + 2H_2O \longrightarrow Mg(OH)_2 + H_2$

□ **7.** **解答** ○

亜鉛は，水素よりイオン化傾向が大きく，希塩酸や希硫酸に溶ける。
$Zn + 2HCl \longrightarrow ZnCl_2 + H_2$

□ **8.** **解答** ✕ アルミニウムは，濃硝酸には不動態となり，溶けない。

アルミニウムは，水素よりイオン化傾向が大きいが，濃硝酸には，不動態（表面に安定で緻密な酸化物の被膜が生じた状態）になり溶けない。

□ **9.** **解答** ✕ 鉛は，希塩酸には水に難溶の $PbCl_2$ が生じ，溶けにくい。

鉛は，水素よりイオン化傾向が大きいが，希塩酸や希硫酸とは，水に難溶の $PbCl_2$ や $PbSO_4$ が生じ，これが鉛の表面に付着するため，溶けにくい。

□ **10.** **解答** ○

銅は，水素よりイオン化傾向が小さいため，希塩酸や希硫酸とは反応しないが，酸化力のある酸（濃硝酸，希硝酸，熱濃硫酸）には溶ける。
濃硝酸　$Cu + 4HNO_3 \longrightarrow Cu(NO_3)_2 + 2H_2O + 2NO_2$
希硝酸　$3Cu + 8HNO_3 \longrightarrow 3Cu(NO_3)_2 + 4H_2O + 2NO$
熱濃硫酸　$Cu + 2H_2SO_4 \longrightarrow CuSO_4 + 2H_2O + SO_2$

□ **11.** **解答** ○

白金や金は，王水（濃硝酸：濃塩酸＝１：３の混合液）にのみ溶ける。

《金属単体の反応》

	Li	K	Ca	Na	Mg	Al	Zn	Fe	Ni	Sn	Pb	(H₂)	Cu	Hg	Ag	Pt	Au
水との反応	常温で反応				熱水と反応	高温の水蒸気と反応			反応しない								
酸との反応	希 HCl，希 H_2SO_4 に溶ける[注1]															王水に溶ける	
	酸化力のある酸（濃 HNO_3，希 HNO_3，熱濃 H_2SO_4）に溶ける[注2]																

注1）Pb は希塩酸や希硫酸には溶けない。（水に難溶の $PbCl_2$，$PbSO_4$ が生成）

注2）Al, Fe, Ni は濃硝酸には溶けない。（不動態の形成）

□**12.** (○×) 導線から電子が流れ込む電極を，電池の負極という。

□**13.** (○×) 電池の両極間の電位差を起電力という。

□**14.** 電池に関する次の文章中の ア ～ ウ に当てはまる語を，下の①～⑥のうちから一つずつ選べ。

図のように，導線でつないだ2種類の金属A，Bを電解質の水溶液に浸して電池を作製する。このとき，一般にイオン化傾向の大きな金属は ア され， イ となって溶け出すので，電池の ウ となる。

① 酸化　　② 還元
③ 陽イオン　④ 陰イオン
⑤ 正極　　⑥ 負極

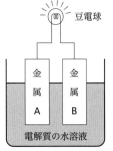

□**15.** (○×) 銅板と亜鉛板を電極とする電池を放電させるとき，銅電極上で酸化反応が起こる。

□**16.** (○×) 充電によって繰り返し使うことのできる電池を，二次電池という。

□**17.** 一次電池であるものを，次の①～④のうちから一つ選べ。
① 鉛蓄電池　　　　② マンガン乾電池
③ ニッケル水素電池　④ リチウムイオン電池

□**12.** 解答 ✕ 導線から電子が流れ込む電極は，正極である。

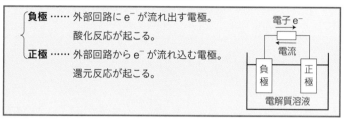

負極 …… 外部回路に e^- が流れ出す電極。
　　　酸化反応が起こる。

正極 …… 外部回路から e^- が流れ込む電極。
　　　還元反応が起こる。

電子 e^-
電流
負極　正極
電解質溶液

□**13.** 解答 ◯
　　　正極と負極に間に生じる電位差(電圧)を起電力という。

□**14.** 解答 ア：①　　イ：③　　ウ：⑥
　　　イオン化傾向の大きい金属の方が，陽イオンになりやすい。すなわち，e^- を放出して酸化されやすい。よって，2種類の金属を電解質溶液に浸して電池を作成すると，**イオン化傾向の大きい方の金属が負極**となる。

□**15.** 解答 ✕ 銅電極上では還元反応が起こる。
　　　イオン化傾向が Zn ＞ Cu なので，亜鉛板が負極，銅板が正極となる。よって，亜鉛電極上では酸化反応が，銅電極上では還元反応が起こる。

□**16.** 解答 ◯
　　　一次電池 …… 充電できない電池。
　　　二次電池 …… 充電により繰り返し使える電池。蓄電池ともいう。

□**17.** 解答 ②
　　① 鉛蓄電池 …… 二次電池　　　用途：自動車用電源
　　② マンガン乾電池 …… 一次電池
　　③ ニッケル水素電池 …… 二次電池
　　　　　　　用途：ハイブリッド車，乾電池型の蓄電池
　　④ リチウムイオン電池 …… 二次電池
　　　　　　　用途：スマートフォン，ノートパソコン，電気自動車

計算問題 1 | 化学量，溶液の濃度

1 原子量

□ **1.** 天然の塩素は ^{35}Cl と ^{37}Cl の二つの同位体からなる。^{35}Cl の存在比（原子の数の割合）は 75 % である。塩素の原子量はいくらか。小数第 1 位まで答えよ。ただし，^{35}Cl の相対質量を 35.0，^{37}Cl の相対質量を 37.0 とする。

□ **2.** カリウムは，原子量が 39.10 であり，^{39}K（相対質量 38.96）と ^{41}K（相対質量 40.96）の二つの同位体が自然界で大部分を占めている。これら以外の同位体は無視できるものとし，^{41}K の存在比は何 % か。有効数字 2 桁で答えよ。

2 物質量

□ **3.** 1.0 カラットのダイヤモンドに含まれる炭素原子の物質量は何 mol か。有効数字 2 桁で答えよ。ただし，カラットは質量の単位で，1.0 カラットは 0.20 g である。

□ **4.** 純粋なエタノール C_2H_6O 9.2 g 中に含まれる分子数はいくつか。有効数字 2 桁で答えよ。ただし，アボガドロ定数を 6.0×10^{23}/mol とする。

解答・ポイント

□ **1**. **解答** **35.5**

原子量は，各同位体の相対質量の平均値である。

「**原子量＝(相対質量×存在比)の和**」より，

$$原子量 = 35.0 \times \frac{75}{100} + 37.0 \times \frac{25}{100} = 35.5$$

□ **2**. **解答** **7.0 %**

^{41}K の存在比を x [%] とすると，^{39}K の存在比は $100 - x$ [%] である。

$$原子量 = 38.96 \times \frac{100 - x}{100} + 40.96 \times \frac{x}{100} = 39.10 \qquad x = 7.0 (\%)$$

□ **3**. **解答** **1.7×10^{-2} mol (0.017 mol)**

1.0 カラットのダイヤモンドは 0.20 g の C 原子 (原子量 12) であり，その物

質量は，$\dfrac{0.20 \text{ g}}{12 \text{ g/mol}} = 0.0166 \text{ mol} \fallingdotseq 0.017 \text{ mol}$

□ **4**. **解答** **1.2×10^{23} 個**

エタノール C_2H_6O (分子量 46) 9.2 g の物質量は，

$$\frac{9.2 \text{ g}}{46 \text{ g/mol}} = 0.20 \text{ mol}$$

これに含まれる分子数は，

$$6.0 \times 10^{23} /\text{mol} \times 0.20 \text{ mol} = 1.2 \times 10^{23}$$

《物質量の計算》

$$粒子数 \underset{\div \text{アボガドロ定数}}{\overset{\times \text{アボガドロ定数}}{\rightleftarrows}} 物質量 \underset{\div 22.4}{\overset{\times 22.4}{\rightleftarrows}} 標準状態での気体の体積$$

粒子数 〔個〕　　物質量 〔mol〕　　標準状態での気体の体積 〔L〕

×モル質量 ↓↑ ÷モル質量

質量 〔g〕

- アボガドロ定数 …… 1 mol あたりの個数。6.0×10^{23} /mol
- モル質量 …… 1 mol あたりの質量。

原子量，分子量，式量に g/mol の単位をつけた値。

□ **5.** 次のア～ウを，下線部の数値が大きい順に並べたものはどれか。最も適当なものを，下の①～⑥のうちから一つ選べ。ただし，アボガドロ定数は $6.0×10^{23}$ /mol とする。

ア　0 ℃，$1.013×10^5$ Pa のアンモニア 11.2 L に含まれる<u>水素原子の数</u>

イ　<u>水素原子 $4.8×10^{23}$ 個を含む水分子の数</u>

ウ　塩化カルシウム 66.6 g に含まれる<u>塩化物イオンの数</u>

① ア＞イ＞ウ　　② ア＞ウ＞イ　　③ イ＞ア＞ウ

④ イ＞ウ＞ア　　⑤ ウ＞ア＞イ　　⑥ ウ＞イ＞ア

□ **6.** メタン，酸素，ネオンの 0 ℃，$1.013×10^5$ Pa における密度の大小関係を正しく表しているものを，次の①～⑤のうちから一つ選べ。

① メタンの密度 ＝ 酸素の密度 ＝ ネオンの密度

② メタンの密度 ＝ 酸素の密度 ＜ ネオンの密度

③ メタンの密度 ＜ 酸素の密度 ＜ ネオンの密度

④ 酸素の密度 ＜ ネオンの密度 ＜ メタンの密度

⑤ メタンの密度 ＜ ネオンの密度 ＜ 酸素の密度

□ **7.** 0 ℃，$1.013×10^5$ Pa での窒素の密度を d〔g/L〕，窒素原子のモル質量を A〔g/mol〕，アボガドロ定数を N_A〔/mol〕とするとき，0 ℃，$1.013×10^5$ Pa の窒素 4 L 中に存在する窒素分子の数を求める式を，次の①～⑥のうちから一つ選べ。

① $\dfrac{dN_A}{2A}$　　② $\dfrac{dN_A}{A}$　　③ $\dfrac{2dN_A}{A}$

④ $\dfrac{N_A}{2dA}$　　⑤ $\dfrac{N_A}{dA}$　　⑥ $\dfrac{2N_A}{dA}$

☐ **5 .** 解答 ②

数と物質量は比例するので，物質量を比較すればよい。

ア　NH_3 1 mol 中には 3 mol の H 原子が含まれる。

0 ℃，$1.013×10^5$ Pa（標準状態）の NH_3 11.2 L の物質量は，

$$\frac{11.2\ \mathrm{L}}{22.4\ \mathrm{L/mol}} = 0.50\ \mathrm{mol}$$

これに含まれる H 原子の物質量は，$0.50\ \mathrm{mol}×3 = 1.5\ \mathrm{mol}$

イ　H_2O 1 mol 中には 2 mol の H 原子が含まれる。

H 原子 $4.8×10^{23}$ 個の物質量は，

$$\frac{4.8×10^{23}}{6.0×10^{23}\ \mathrm{/mol}} = 0.80\ \mathrm{mol}$$

この H 原子を含む H_2O の物質量は，$0.80\ \mathrm{mol}×\dfrac{1}{2} = 0.40\ \mathrm{mol}$

ウ　$CaCl_2$ 1 mol 中には 2 mol の Cl^- が含まれる。

$CaCl_2$（式量 111）66.6 g の物質量は，

$$\frac{66.6\ \mathrm{g}}{111\ \mathrm{g/mol}} = 0.60\ \mathrm{mol}$$

これに含まれる Cl^- の物質量は，$0.60\ \mathrm{mol}×2 = 1.2\ \mathrm{mol}$

以上より，下線部の数値が大きい順は，②**ア ＞ ウ ＞ イ**である。

☐ **6 .** 解答 ⑤

気体分子の分子量を M とすると，0 ℃，$1.013×10^5$ Pa（標準状態）における 1 mol（$= M$〔g〕）の気体の体積は22.4 L なので，

$$密度〔g/L〕 = \frac{M〔g〕}{22.4\ \mathrm{L}}$$

と表される。よって，密度の大小関係と分子量の大小関係は一致するので，密度は CH_4（分子量 16）＜ Ne（分子量 20）＜ O_2（分子量 32）である。

☐ **7 .** 解答 ③

0 ℃，$1.013×10^5$ Pa（標準状態）における N_2（モル質量 $2A$〔g/mol〕）4 L の質量は，

$$d〔g/L〕×4\ \mathrm{L} = 4d〔g〕$$

その物質量は，$\dfrac{4d〔g〕}{2A〔g/mol〕} = \dfrac{2d}{A}〔mol〕$

よって，N_2 の数は，$N_A〔/mol〕×\dfrac{2d}{A}〔mol〕 = \dfrac{2dN_A}{A}$

□ **8.** ドライアイスが気体に変わると，0 ℃，1.013×10^5 Pa で体積はおよそ何倍になるか。有効数字 2 桁で答えよ。ただし，ドライアイスの密度は，1.6 g/cm^3 であるとする。

---

3 混合物の化学量

□ **9.** 0 ℃，1.013×10^5 Pa で，ある体積の空気の質量を測定したところ 0.29 g であった。次に，0 ℃，1.013×10^5 Pa で同体積の気体 A の質量を測定したところ 0.44 g であった。気体 A は何か。最も適当なものを，次の ① ～ ⑤ のうちから一つ選べ。ただし，空気は窒素と酸素の体積比が 4：1 の混合気体であるとする。

① アルゴン ② 一酸化炭素 ③ メタン

④ 二酸化硫黄 ⑤ 二酸化炭素

□ **10.** 青銅は銅とスズの合金である。2.8 kg の青銅 A（質量パーセント：Cu 96 %，Sn 4.0 %）と 1.2 kg の青銅 B（Cu 70 %，Sn 30 %）を混合して融解し，均一な青銅 C をつくった。1.0 kg の青銅 C に含まれるスズの物質量は何 mol か。有効数字 2 桁で答えよ。

□ **8.** 解答 8.1×10^2倍

ドライアイス CO_2（分子量 44）1 cm^3 あたりで考えればよい。

ドライアイス 1 cm^3 の質量は 1.6 g であり，その物質量は，

$$\frac{1.6\ g}{44\ g/mol} = \frac{1.6}{44}\ mol$$

これが気体に変わると，0 ℃，1.013×10^5 Pa（標準状態）での体積は，

$$22.4\ L/mol \times \frac{1.6}{44}\ mol = 0.814\ L$$

1 L = 1000 mL = 1000 cm^3 なので，求める値は，

$$\frac{814\ cm^3}{1\ cm^3} = 814 ≒ 8.1 \times 10^2\ （倍）$$

□ **9.** 解答 ⑤

同温・同圧では，同じ体積の気体には，気体の種類に関係なく，同じ数（物質量）の分子が含まれる（アボガドロの法則）。よって，空気 0.29 g と気体 A 0.44 g の体積は同じなので，物質量も同じである。

空気のモル質量は，N_2（分子量 28）：O_2（分子量 32）= 4：1 より，

$$28\ g/mol \times \frac{4}{4+1} + 32\ g/mol \times \frac{4}{4+1} = 28.8\ g/mol ≒ 29\ g/mol$$

気体 A の分子量を M とすると，空気と気体 A の物質量について，

$$\frac{0.29\ g}{29\ g/mol} = \frac{0.44\ g}{M\text{（g/mol）}} \qquad M = 44$$

選択肢の分子量は，①Ar：40，②CO：28，③CH_4：16，④SO_2：64，⑤CO_2：44 なので，気体 A は⑤である。

□ **10.** 解答 9.9×10^{-1} mol（0.99 mol）

青銅 A 2.8 kg および青銅 B 1.2 kg に含まれる Sn は，

$$A：2.8\ kg \times \frac{4.0}{100} = 0.112\ kg \qquad B：1.2\ kg \times \frac{30}{100} = 0.36\ kg$$

青銅 C は，青銅 A 2.8 kg と青銅 B 1.2 kg を混合してつくられているので，青銅 C（2.8 kg + 1.2 kg =）4.0 kg に含まれる Sn（原子量 119）は，

$$0.112\ kg + 0.36\ kg = 0.472\ kg = 472\ g$$

よって，青銅 C 1.0 kg に含まれる Sn は，$472\ g \times \dfrac{1.0\ kg}{4.0\ kg} = 118\ g$

その物質量は，$\dfrac{118\ g}{119\ g/mol} = 0.991\ mol ≒ 0.99\ mol$

□**11.** 水酸化ナトリウム 4.0 g を水に溶解して 500 mL の水溶液をつくった。この溶液のモル濃度は何 mol/L か。有効数字 2 桁で答えよ。

□**12.** 塩化水素を純水に溶かし，0.50 mol/L の塩酸 50 mL をつくった。このとき，純水に溶かした塩化水素の体積は，0 ℃，1.013×10^5 Pa で何 mL か。有効数字 2 桁で答えよ。

□**13.** 18.0 g のグルコース $C_6H_{12}O_6$（分子量180）を 100 g の水に溶解させた水溶液は，密度が 1.0 g/cm^3 であった。この溶液中のグルコースのモル濃度は何 mol/L か。有効数字 2 桁で答えよ。

□**14.** 硫酸銅（Ⅱ）五水和物 $CuSO_4 \cdot 5 H_2O$ 50 g を水に溶解させ，500 mL の水溶液とした。この水溶液のモル濃度は何 mol/L か。有効数字 2 桁で答えよ。

☐ **11.** 解答 $2.0 \times 10^{-1} \, \text{mol/L} \; (0.20 \, \text{mol/L})$

溶かした NaOH（式量 40）は $\dfrac{4.0 \, \text{g}}{40 \, \text{g/mol}} = 0.10 \, \text{mol}$，水溶液の体積は 500 mL

なので，NaOH 水溶液のモル濃度は，

$$\dfrac{0.10 \, \text{mol}}{\dfrac{500}{1000} \, \text{L}} = 0.20 \, \text{mol/L}$$

$$\boxed{\text{モル濃度〔mol/L〕} = \dfrac{\text{溶質の物質量〔mol〕}}{\text{溶液の体積〔L〕}}}$$

☐ **12.** 解答 $5.6 \times 10^{2} \, \text{mL}$

0.50 mol/L の HCl 水溶液 50 mL に含まれる HCl は，

$$0.50 \, \text{mol/L} \times \dfrac{50}{1000} \, \text{L} = 0.025 \, \text{mol}$$

よって，溶かした HCl の 0 ℃，1.013×10^{5} Pa（標準状態）での体積は，

$22.4 \, \text{L/mol} \times 0.025 \, \text{mol} = 0.56 \, \text{L} = 5.6 \times 10^{2} \, \text{mL}$

☐ **13.** 解答 $8.5 \times 10^{-1} \, \text{mol/L} \; (0.85 \, \text{mol/L})$

溶かした $C_6H_{12}O_6$（分子量 180）は $\dfrac{18.0 \, \text{g}}{180 \, \text{g/mol}} = 0.10 \, \text{mol}$，加えた水は 100 g

なので，水溶液の質量は 18.0 g ＋ 100 g ＝ 118 g

水溶液の密度は $1.0 \, \text{g/cm}^3$ なので，水溶液 118 g の体積は，

$$\dfrac{118 \, \text{g}}{1.0 \, \text{g/cm}^3} = 118 \, \text{mL}$$

よって，$C_6H_{12}O_6$ 水溶液のモル濃度は，

$$\dfrac{0.10 \, \text{mol}}{\dfrac{118}{1000} \, \text{L}} = 0.847 \, \text{mol/L} \fallingdotseq 0.85 \, \text{mol/L}$$

☐ **14.** 解答 $4.0 \times 10^{-1} \, \text{mol/L} \; (0.40 \, \text{mol/L})$

1 mol の $CuSO_4 \cdot 5\,H_2O$ を水に溶かすと，溶質（$CuSO_4$）を 1 mol 含む水溶液になる。

溶かした $CuSO_4 \cdot 5\,H_2O$（式量 250）50 g は $\dfrac{50 \, \text{g}}{250 \, \text{g/mol}} = 0.20 \, \text{mol}$ なので，

溶液中の溶質（$CuSO_4$）は 0.20 mol である。

水溶液の体積は 500 mL なので，$CuSO_4$ 水溶液のモル濃度は，

$$\dfrac{0.20 \, \text{mol}}{\dfrac{500}{1000} \, \text{L}} = 0.40 \, \text{mol/L}$$

□**15.** 1.00 mol/L の塩酸を純水で正確に 10 倍に希釈したい。これに関する次の文章中の ア ， イ に当てはまる器具を，下の ① ～ ⑥ のうちから一つずつ選べ。また， ウ に当てはまる数値を，有効数字 3 桁で答えよ。

1.00 mol/L の塩酸を ア ではかりとり， イ に移す。標線まで純水を加え，よく振り混ぜる。希釈した後の塩酸の濃度は， ウ mol/L である。

① 10 mL ホールピペット　　　　　② 10 mL 駒込ピペット
③ 100 mL メスシリンダー　　　　④ 100 mL メスフラスコ
⑤ 1000 mL メスシリンダー　　　　⑥ 1000 mL メスフラスコ

□**16.** 質量パーセント濃度 49 % の硫酸水溶液のモル濃度は何 mol/L か。有効数字 2 桁で答えよ。ただし，この硫酸水溶液の密度は 1.4 g/cm^3 とする。

□**17.** 14 mol/L のアンモニア水の質量パーセント濃度は何 % か。有効数字 2 桁で答えよ。ただし，このアンモニア水の密度は 0.90 g/cm^3 とする。

□**18.** 密度 1.14 g/cm^3，質量パーセント濃度 32.0 % の濃塩酸を純水で希釈して，0.200 mol/L の希塩酸 500 mL をつくりたい。必要な濃塩酸の体積は何 mL か。有効数字 3 桁で答えよ。

□**15.** 解答 ア：①　イ：④　ウ：1.00×10^{-1} mol/L（0.100 mol/L）

水溶液を10倍に希釈するには，純水を加えて，体積をもとの水溶液の10
倍にすればよい。 すなわち，ホールピ
ペットで正確な体積の溶液をはかりと
り，10 倍の容量のメスフラスコで溶液
を調製する。よって，①と④を用いる。

ホールピペット　水

1.00 mol/L 塩酸　　メスフラスコ

100 mL

　　10 倍に希釈すると，溶質の量は変わ
らないが，溶液の体積が 10 倍になるの
で，モル濃度は $\dfrac{1}{10}$ 倍になる。よって，
希釈後の濃度は，

$$1.00 \text{ mol/L} \times \frac{1}{10} = 0.100 \text{ mol/L}$$

□**16.** 解答 7.0 mol/L

濃度単位を変換するときは，溶液 1 L あたりで考えればよい。

溶液：1000 mL，$1.4 \text{ g/cm}^3 \times 1000 \text{ cm}^3 = 1400$ g

溶質（H_2SO_4，分子量 98）：$\dfrac{1400 \text{ g} \times \dfrac{49}{100}}{98 \text{ g/mol}} = 7.0$ mol

よって，モル濃度は，7.0 mol/L

□**17.** 解答 2.6×10 %（26 %）

濃度単位を変換するときは，溶液 1 L あたりで考えればよい。

溶液：1000 mL，$0.90 \text{ g/cm}^3 \times 1000 \text{ cm}^3 = 900$ g

溶質（NH_3，分子量 17）：14 mol，$17 \text{ g/mol} \times 14 \text{ mol} = 238$ g

よって，質量パーセント濃度は，$\dfrac{238 \text{ g}}{900 \text{ g}} \times 100 = 26.4 \fallingdotseq 26$（%）

□**18.** 解答 1.00×10 mL（10.0 mL）

希釈の前後で，溶質の量は変化しないことに着目する。

必要な濃塩酸の体積を v〔mL〕とすると，その質量は，

$1.14 \text{ g/cm}^3 \times v \text{ 〔cm}^3\text{〕} = 1.14 v$〔g〕

希釈前後で，溶質（HCl，分子量 36.5）の物質量は同じなので，

$$\frac{1.14 v \text{〔g〕} \times \dfrac{32.0}{100}}{36.5 \text{ g/mol}} = 0.200 \text{ mol/L} \times \frac{500}{1000} \text{ L}$$

$v = 10.00 \text{ mL} \fallingdotseq 10.0 \text{ mL}$

1 化学反応と量的関係

□ 1. グルコース $C_6H_{12}O_6$ を発酵させると，次の反応によりエタノールと二酸化炭素が生成する。

$$C_6H_{12}O_6 \longrightarrow 2\,C_2H_5OH + 2\,CO_2 \qquad \cdots\cdots(1)$$

グルコース 18 g をすべて反応させると，発生する二酸化炭素の質量は何 g か。有効数字 2 桁で答えよ。

□ 2. トウモロコシの発酵により生成したエタノール C_2H_5OH を完全燃焼させたところ，0 ℃，1.013×10^5 Pa で 11.2 L の二酸化炭素が生成した。このとき燃焼したエタノールの質量は何 g か。有効数字 2 桁で答えよ。

□ 3. 自動車衝突事故時の安全装置であるエアバッグには，固体のアジ化ナトリウム NaN_3 と酸化銅（Ⅱ）CuO から，次の反応によって気体を瞬時に発生させる方式のものがある。

$$2\,NaN_3 + CuO \longrightarrow 3\,N_2 + Na_2O + Cu \qquad \cdots\cdots(1)$$

この反応によって 0 ℃，1.013×10^5 Pa で 44.8 L の気体を得るのに必要なアジ化ナトリウムと酸化銅（Ⅱ）の質量の合計は何 g か。整数で答えよ。

解答・ポイント

□ **1.** 解答 **8.8 g**

反応式の係数は，変化する物質の物質量の比を表す。

反応させた $C_6H_{12}O_6$ (分子量 180)は，$\dfrac{18\ g}{180\ g/mol} = 0.10\ mol$

式(1)より，反応させた $C_6H_{12}O_6$ と発生した CO_2 の物質量比は 1：2 なので，
発生した CO_2 (分子量 44)は，$0.10\ mol \times 2 = 0.20\ mol$

その質量は，$44\ g/mol \times 0.20\ mol = 8.8\ g$

□ **2.** 解答 $1.2 \times 10\ g\ (12\ g)$

$$C_2H_5OH + 3\ O_2 \longrightarrow 2\ CO_2 + 3\ H_2O \quad \cdots\cdots(1)$$

発生した CO_2 は，$\dfrac{11.2\ L}{22.4\ L/mol} = 0.500\ mol$

式(1)より，燃焼した C_2H_5OH と発生した CO_2 の物質量比は 1：2 なので，

燃焼した C_2H_5OH (分子量 46)は，$0.500\ mol \times \dfrac{1}{2} = 0.250\ mol$

その質量は，$46\ g/mol \times 0.250\ mol = 11.5\ g \fallingdotseq 12\ g$

□ **3.** 解答 $1.40 \times 10^2\ g\ (140\ g)$

式(1)の反応で発生した気体は N_2 であり，その物質量は，

$$\dfrac{44.8\ L}{22.4\ L/mol} = 2.00\ mol$$

式(1)の反応より，必要な NaN_3 (式量 65)，CuO (式量 80)は，

NaN_3：$2.00\ mol \times \dfrac{2}{3} = \dfrac{4.00}{3}\ mol$，

$\qquad 65\ g/mol \times \dfrac{4.00}{3}\ mol = \dfrac{260}{3}\ g$

CuO：$2.00\ mol \times \dfrac{1}{3} = \dfrac{2.00}{3}\ mol$，

$\qquad 80\ g/mol \times \dfrac{2.00}{3}\ mol = \dfrac{160}{3}\ g$

よって，NaN_3 と CuO の質量の合計は，$\dfrac{260}{3}\ g + \dfrac{160}{3}\ g = 140\ g$

4. 亜鉛 0.65 g を 3.0 mol/L の塩酸 100 mL に入れると水素が発生した。

$$Zn + 2\,HCl \longrightarrow ZnCl_2 + H_2$$

反応が完全に進行したときについて，次の問い(**a**・**b**)に有効数字 2 桁で答えよ。

a 発生した水素の 0 ℃，1.013×10^5 Pa における体積は何 L か。

b 塩酸のモル濃度は何 mol/L になったか。ただし，塩酸の体積は変化しないものとする。

5. 0 ℃，1.013×10^5 Pa で 10 mL のメタンと 40 mL の酸素を混合し，メタンを完全燃焼させた。燃焼前後の気体の体積を 0 ℃，1.013×10^5 Pa で比較するとき，その変化に関する記述として最も適当なものを，次の①〜⑤のうちから一つ選べ。ただし，生成した水は，すべて液体であるとする。

① 20 mL 減少する。　　② 10 mL 減少する。　　③ 変化しない。

④ 10 mL 増加する。　　⑤ 20 mL 増加する。

□ **4.** 解答 **a**：2.2×10^{-1} L $(0.22$ L$)$ **b**：2.8 mol/L

用いた Zn（原子量 65）は $\dfrac{0.65 \text{ g}}{65 \text{ g/mol}} = 0.010$ mol

HCl は 3.0 mol/L $\times \dfrac{100}{1000}$ L $= 0.30$ mol

Zn と HCl は物質量比 1：2 で反応するので，Zn がすべて反応し，HCl が残る。反応による量変化をまとめると，次のようになる。

	Zn	+	2 HCl	⟶	ZnCl$_2$	+	H$_2$
反応前	0.010		0.30		0		0
変化量	−0.010		−0.020		+0.010		+0.010
反応後	0		0.28		0.010		0.010

〔単位：mol〕

a　発生した H$_2$ は 0.010 mol であり，0 ℃，1.013×10^5 Pa（標準状態）での体積は，22.4 L/mol $\times 0.010$ mol $= 0.224$ L $\fallingdotseq 0.22$ L

b　反応後，HCl は 0.28 mol 残る。水溶液の体積は 100 mL なので，HCl のモル濃度は，$\dfrac{0.28 \text{ mol}}{\dfrac{100}{1000} \text{ L}} = 2.8$ mol/L

□ **5.** 解答 ①

同温・同圧では，**体積比＝物質量比** が成り立つので，反応量を体積で考えることができる。

次の反応式から，CH$_4$ と O$_2$ は物質量比 1：2 で反応するので，CH$_4$ がすべて反応し，O$_2$ が残る。反応による量変化をまとめると，次のようになる。

	CH$_4$	+	2 O$_2$	⟶	CO$_2$	+	2 H$_2$O	気体の体積の和
反応前	10		40		0		0	50
変化量	−10		−20		+10			
反応後	0		20		10		（液体）	30

〔単位：mL〕

気体の体積は，50 mL − 30 mL = 20 mL 減少する。

□ **6.** 2.0 mol のメタノール(液体)にある量の酸素を加えて、メタノールをすべて完全燃焼させた。

$$2\,CH_3OH + 3\,O_2 \longrightarrow 2\,CO_2 + 4\,H_2O$$

燃焼後、気体の体積は 0 ℃、1.013×10^5 Pa で 89.6 L であった。加えた酸素の質量は何 g か。有効数字 2 桁で答えよ。ただし、生じた水はすべて液体であるものとする。

□ **7.** $CuSO_4 \cdot nH_2O$ の化学式で表される硫酸銅(Ⅱ)の水和水(結晶水)の数 n を決めるために、次の実験を行った。この硫酸銅(Ⅱ)1.78 g を水に溶かし、塩化バリウム水溶液を十分に加えたところ、硫酸バリウムの沈殿が 2.33 g 得られた。n の値はいくらか。整数で答えよ。

□ **8.** 原子量が 55 の金属 M の酸化物を金属に還元したとき、質量が 37 % 減少した。この酸化物の組成式として最も適当なものを、次の ① ～ ⑥ のうちから一つ選べ。

① MO ② M_2O_3 ③ MO_2
④ M_2O_5 ⑤ MO_3 ⑥ M_2O_7

□ **6.** 解答 1.6×10^2 g

　　加えた O_2 を x〔mol〕とする。CH_3OH をすべて完全燃焼させたので，反応による量変化をまとめると，次のようになる。

$$2\,CH_3OH \quad + \quad 3\,O_2 \quad \longrightarrow \quad 2\,CO_2 \quad + \quad 4\,H_2O$$

反応前	2.0	x	0	0
変化量	-2.0	-3.0	$+2.0$	$+4.0$
反応後	0	$x-3.0$	2.0	4.0

〔単位：mol〕

　　燃焼後に存在する気体は $\dfrac{89.6\ L}{22.4\ L/mol} = 4.0$ mol なので，

　　$(x-3.0)$〔mol〕$+ 2.0$ mol $= 4.0$ mol　　　$x = 5.0$ mol

　　　　（生じた H_2O は液体であることに注意）

　　よって，加えた O_2（分子量 32）の質量は，

　　　32 g/mol$\times 5.0$ mol $= 160$ g $= 1.6 \times 10^2$ g

□ **7.** 解答 1

　　$CuSO_4 \cdot nH_2O$（式量 $160+18n$）$\dfrac{1.78\ g}{(160+18n)\ (g/mol)} = \dfrac{1.78}{160+18n}$〔mol〕を水に溶かし，$BaCl_2$ 水溶液を十分に加えると，$BaSO_4$（式量 233）が

$\dfrac{2.33\ g}{233\ g/mol} = 0.0100$ mol 得られた。

　　SO_4^{2-} の物質量に着目すると，用いた $CuSO_4 \cdot nH_2O$ の物質量と得られた $BaSO_4$ の物質量は等しいので，

　　　$\dfrac{1.78}{160+18n}$〔mol〕$= 0.0100$ mol　　　$n = 1$

□ **8.** 解答 ③

　　M の酸化物の**組成式を求める**には，M と O の**個数の比，すなわち物質量比を求めれば**よい。

　　M の酸化物が単体 M に変化すると，質量が 37 % 減少したので，この酸化物 100 g あたりに含まれる M と O の質量は，

　　　O（原子量 16）：37 g

　　　M（原子量 55）：100 g $-$ 37 g $= 63$ g

　　M と O の物質量比は，

　　　M：O $= \dfrac{63\ g}{55\ g/mol} : \dfrac{37\ g}{16\ g/mol} = 1.14$ mol：2.31 mol $\fallingdotseq$ 1：2

　　よって，組成式は MO_2

□ **9.** ある元素 M の単体 1.30 g を空気中で強熱したところ，すべて反応して酸化物 MO が 1.62 g 生成した。M の原子量はいくらか。整数で答えよ。

2 混合物の反応と量的関係

□ **10.** 水素とメタンの物質量の比が 1：2 の混合気体が 0 ℃，1.013×10^5 Pa で 3.0 L ある。これを完全燃焼させるのに必要な空気の体積は，0 ℃，1.013×10^5 Pa で何 L か。有効数字 2 桁で答えよ。ただし，空気に含まれる酸素の体積の割合は 20 % とする。

□ **11.** エタン C_2H_6 とプロパン C_3H_8 の混合気体 1.0 mol を完全に燃焼させたところ，2.8 mol の二酸化炭素が発生した。この混合気体中のエタンとプロパンの物質量の比(エタンの物質量：プロパンの物質量)を整数比で記せ。

□ **9.** 解答 65

M の原子量を x とする。

単体 M 1.30 g から酸化物 MO が 1.62 g 生成している。この酸化物 1.62 g に含まれる M と O の質量は,

M：1.30 g

O（原子量 16）：1.62 g − 1.30 g = 0.32 g

組成式より，酸化物を構成する M と O の物質量比は 1：1 なので,

$$M：O = \frac{1.30\,\text{g}}{x\,(\text{g/mol})}：\frac{0.32\,\text{g}}{16\,\text{g/mol}} = 1：1 \qquad x = 65$$

□ **10.** 解答 $2.3×10\,\text{L}\,(23\,\text{L})$

同温・同圧では，**体積比 = 物質量比** が成り立つので，反応量を体積で考えることができる。

混合気体 3.0 L には，H_2 が 1.0 L，CH_4 が 2.0 L 含まれる。

$$2\,H_2 + O_2 \longrightarrow 2\,H_2O$$

$$CH_4 + 2\,O_2 \longrightarrow CO_2 + 2\,H_2O$$

上記 2 つの反応式より，H_2 1.0 L と CH_4 2.0 L の完全燃焼に必要な O_2 の体積は，$1.0\,\text{L}×\dfrac{1}{2} + 2.0\,\text{L}×2 = 4.5\,\text{L}$

必要な空気の体積を $V\,(\text{L})$ とすると,

$$V\,(\text{L})×\frac{20}{100} = 4.5\,\text{L} \qquad V = 22.5\,\text{L} ≒ 23\,\text{L}$$

□ **11.** 解答 1：4

$$2\,C_2H_6 + 7\,O_2 \longrightarrow 4\,CO_2 + 6\,H_2O$$

$$C_3H_8 + 5\,O_2 \longrightarrow 3\,CO_2 + 4\,H_2O$$

混合気体 1.0 mol 中の C_2H_6 を $x\,(\text{mol})$，C_3H_8 を $y\,(\text{mol})$とすると，混合気体の物質量について,

$$x\,(\text{mol}) + y\,(\text{mol}) = 1.0\,\text{mol} \qquad \cdots\cdots(1)$$

発生した CO_2 の物質量について,

$$2x\,(\text{mol}) + 3y\,(\text{mol}) = 2.8\,\text{mol} \qquad \cdots\cdots(2)$$

式(1)，式(2)より，$x = 0.20\,\text{mol}$，$y = 0.80\,\text{mol}$

よって，$C_2H_6：C_3H_8 = 1：4$

3 化学反応と量的関係（グラフ問題）

□**12.** 次のように，ある金属 M は塩酸と反応して水素を発生する。

M ＋ 2 HCl ⟶ MCl$_2$ ＋ H$_2$

反応する M の質量と発生する水素の物質量の関係が図のようになるとき，M の原子量はいくらか。整数で答えよ。

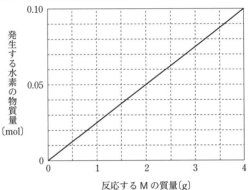

□**13.** 0.020 mol の亜鉛 Zn に濃度 2.0 mol/L の塩酸を加えて反応させた。このとき，加えた塩酸の体積と発生した水素の体積の関係は図のようになった。ここで，発生した水素の体積は 0 ℃，1.013×10^5 Pa の状態における値である。図中の体積 V_1〔L〕と V_2〔L〕はそれぞれ何 L か。有効数字 2 桁で答えよ。

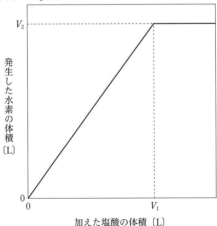

12. 解答 40

M + 2 HCl ⟶ MCl$_2$ + H$_2$

反応式より，反応する M と発生する H$_2$ の物質量比は 1：1 である。

図より，反応する M が 4 g のとき，発生する H$_2$ は 0.10 mol なので，M の原子量を x とすると，

$$\frac{4 \text{ g}}{x \text{(g/mol)}} : 0.10 \text{ mol} = 1 : 1 \qquad x = 40$$

13. 解答 $V_1 : 2.0 \times 10^{-2}$ L (0.020 L)　　$V_2 : 4.5 \times 10^{-1}$ L (0.45 L)

Zn に HCl 水溶液を加えると，次の反応が起こる。

Zn + 2 HCl ⟶ ZnCl$_2$ + H$_2$

加えた HCl 水溶液の体積を x 〔L〕とすると，

（ⅰ）$x < V_1$ のとき

HCl がすべて反応し，Zn が残る。このとき発生した H$_2$ の物質量は加えた HCl の物質量に比例する。

（ⅱ）$x = V_1$ のとき

Zn と HCl が過不足なく反応する。

（ⅲ）$x > V_1$ のとき

Zn がすべて反応し，HCl が残る。
このとき発生した H$_2$ の物質量は加えた Zn の物質量に等しい。

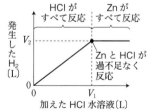

V_1，V_2 の値を求めるには，Zn と HCl が過不足なく反応するときを考えればよい。このとき，加えた Zn と HCl の物質量比が 1：2 になればよいので，

0.020 mol：2.0 mol/L×V_1〔L〕= 1：2　　V_1 = 0.020 L

発生した H$_2$ は 0.020 mol であり，

V_2 = 22.4 L/mol×0.020 mol = 0.448 L ≒ 0.45 L

① pH

☐ **1.** 0.020 mol/L の塩酸 50 mL を純水で希釈して 100 mL とした。この水溶液の pH はいくらか。整数で答えよ。

☐ **2.** 0.0050 mol/L の水酸化バリウム水溶液の pH はいくらか。整数で答えよ。

☐ **3.** 酢酸水溶液中の酢酸の濃度と pH の関係を調べたところ，図のようになった。0.038 mol/L の水溶液中の酢酸の電離度はいくらか。有効数字 2 桁で答えよ。

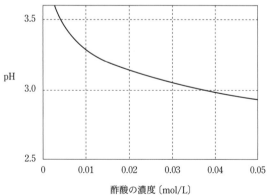

横軸: 酢酸の濃度〔mol/L〕

解答・ポイント

□ **1.** 解答 **2**

$$[H^+] = 10^{-x} \text{ (mol/L)} \iff pH = x$$

水溶液 50 mL を純水で希釈して100 mL にしたので，$\left(\dfrac{100 \text{ mL}}{50 \text{ mL}}=\right)$ 2 倍に希釈したことになる。希釈後の HCl 水溶液のモル濃度は，

$$0.020 \text{ mol/L} \times \frac{1}{2} = 0.010 \text{ mol/L}$$

HCl は 1 価の強酸である。HCl $\longrightarrow$ H$^+$ + Cl$^-$

$$[H^+] = 0.010 \text{ mol/L} = 1.0 \times 10^{-2} \text{ mol/L} \qquad pH = 2$$

□ **2.** 解答 **12**

塩基の水溶液の pH を計算するには，まず[OH$^-$]を求める。次に，**[H$^+$]×[OH$^-$] = 1.0×10^{-14} (mol/L)^2** の関係より，[H$^+$]を求めると pH がわかる。

Ba(OH)$_2$ は 2 価の強塩基である。Ba(OH)$_2$ $\longrightarrow$ Ba^{2+} + 2 OH$^-$

$$[OH^-] = 0.0050 \text{ mol/L} \times 2 = 0.010 \text{ mol/L} = 1.0 \times 10^{-2} \text{ mol/L}$$

$[H^+][OH^-] = 1.0 \times 10^{-14} \text{ (mol/L)}^2$ なので，

$$[H^+] = \frac{1.0 \times 10^{-14} \text{(mol/L)}^2}{[OH^-]}$$

$$= \frac{1.0 \times 10^{-14} \text{(mol/L)}^2}{1.0 \times 10^{-2} \text{ mol/L}} = 1.0 \times 10^{-12} \text{ mol/L} \qquad pH = 12$$

□ **3.** 解答 **2.6×10^{-2} (0.026)**

CH$_3$COOH は 1 価の弱酸である。

CH$_3$COOH $\rightleftharpoons$ CH$_3$COO$^-$ + H$^+$

0.038 mol/L の水溶液中の CH$_3$COOH の電離度を α とすると，

$$[H^+] = 0.038\alpha \text{ (mol/L)}$$

図より，0.038 mol/L の CH$_3$COOH 水溶液の pH は 3.0 であり，

$$[H^+] = 1.0 \times 10^{-3} \text{ mol/L}$$

よって，

$$0.038\alpha \text{ (mol/L)} = 1.0 \times 10^{-3} \text{ mol/L}$$

$$\alpha = 0.0263 \fallingdotseq 0.026$$

□ **4.** pH が 1.0 の塩酸 10 mL に 0.010 mol/L の水酸化ナトリウム水溶液 90 mL を加えたとき，得られる水溶液の pH はいくらか。整数で答えよ。

□ **5.** 濃度不明の塩酸 500 mL と 0.010 mol/L の水酸化ナトリウム水溶液 500 mL を混合したところ，溶液の pH は 2.0 であった。塩酸のモル濃度は何 mol/L か。有効数字 2 桁で答えよ。

☐ **4.** 解答 **3**

HCl 水溶液と NaOH 水溶液を混合すると，中和反応が起こる。

$$H^+ + OH^- \longrightarrow H_2O$$

pH 1.0 すなわち，$[H^+] = 1.0 \times 10^{-1}$ mol/L の HCl 水溶液 10 mL に含まれる H^+ の物質量は，

$$1.0 \times 10^{-1} \text{ mol/L} \times \frac{10}{1000} \text{ L} = \frac{1.0}{1000} \text{ mol}$$

NaOH は 1 価の強塩基なので，0.010 mol/L の NaOH 水溶液 90 mL に含まれる OH^- の物質量は，

$$0.010 \text{ mol/L} \times \frac{90}{1000} \text{ L} = \frac{0.90}{1000} \text{ mol}$$

中和反応では，H^+ と OH^- が物質量比 1：1 で反応するので，反応後は，H^+ が残る。残った H^+ の物質量は，

$$\frac{1.0}{1000} \text{ mol} - \frac{0.90}{1000} \text{ mol} = \frac{0.10}{1000} \text{ mol}$$

混合溶液の体積は 10 mL + 90 mL ＝100 mL なので，

$$[H^+] = \frac{\dfrac{0.10}{1000} \text{ mol}}{\dfrac{100}{1000} \text{ L}} = 1.0 \times 10^{-3} \text{ mol/L} \qquad \text{pH} = 3$$

☐ **5.** 解答 3.0×10^{-2} mol/L（0.030 mol/L）

混合により HCl と NaOH が中和反応し，pH が 2.0（酸性）になったので，HCl が過剰であることがわかる。

HCl は 1 価の強酸，NaOH は 1 価の強塩基なので，用いた HCl 水溶液のモル濃度を x〔mol/L〕とすると，

HCl から生じる H^+ 　x〔mol/L〕$\times \dfrac{500}{1000}$ L $= \dfrac{500\,x}{1000}$〔mol〕

NaOH から生じる OH^- 　0.010 mol/L $\times \dfrac{500}{1000}$ L $= \dfrac{5.0}{1000}$ mol

混合溶液の体積は 500 mL + 500 mL = 1000 mL = 1.0 L であり，中和反応後の pH が 2.0 すなわち，$[H^+] = 1.0 \times 10^{-2}$ mol/L なので，

$$[H^+] = \frac{\dfrac{500\,x}{1000}\text{〔mol〕} - \dfrac{5.0}{1000} \text{ mol}}{1.0 \text{ L}} = 1.0 \times 10^{-2} \text{ mol/L}$$

$$x = 0.030 \text{ mol/L}$$

1 中和反応と量的関係

□ **1.** 濃度が不明の n 価の酸の水溶液 x〔mL〕を，モル濃度が c〔mol/L〕で m 価の塩基の水溶液を用いて過不足なく中和するには y〔mL〕を要した。この酸の水溶液のモル濃度〔mol/L〕を求める式として最も適当なものを，次の ① ～ ⑥ のうちから一つ選べ。

① $\dfrac{mcy}{nx}$ ② $\dfrac{ncy}{mx}$ ③ $\dfrac{ncx}{my}$

④ $\dfrac{mcx}{ny}$ ⑤ $\dfrac{cy}{x}$ ⑥ $\dfrac{x}{cy}$

□ **2.** 0.036 mol/L の酢酸水溶液 10.0 mL を，水酸化ナトリウム水溶液で中和滴定したところ，18.0 mL を要した。用いた水酸化ナトリウム水溶液のモル濃度は何 mol/L か。有効数字 2 桁で答えよ。

□ **3.** 水酸化バリウム 17.1 g を純水に溶かし，1.00 L の水溶液とした。この水溶液を用いて，濃度未知の塩酸 10.0 mL の中和滴定を行ったところ，過不足なく中和するのに 15.0 mL を要した。この塩酸のモル濃度は何 mol/L か。有効数字 3 桁で答えよ。

🔍 解答・ポイント

☐ **1.** 解答 ①

中和反応($H^+ + OH^- \longrightarrow H_2O$）では，$H^+$ と OH^- が物質量比 1：1 で反応するので，酸と塩基が過不足なく反応するとき，

「酸が与える H^+ の物質量 ＝ 塩基が与える OH^- の物質量」

すなわち，

> 「酸の価数×酸の物質量 ＝ 塩基の価数×塩基の物質量」

酸の水溶液のモル濃度を c_1〔mol/L〕とすると，

$$n \times c_1 \text{〔mol/L〕} \times \frac{x}{1000}\text{〔L〕} = m \times c\text{〔mol/L〕} \times \frac{y}{1000}\text{〔L〕}$$

$$c_1 = \frac{mcy}{nx}$$

※ 上記の計算では，酸や塩基の強弱は関係しない。

例えば，CH_3COOH 水溶液に $NaOH$ 水溶液を加える場合，はじめ，CH_3COOH はわずかにしか電離していないが，$NaOH$ を加えて H^+ が中和されると，CH_3COOH がさらに電離して H^+ を生じ，最終的には CH_3COOH がすべて電離することになる。

☐ **2.** 解答 2.0×10^{-2} mol/L (0.020 mol/L)

$NaOH$ 水溶液のモル濃度を x〔mol/L〕とすると，CH_3COOH は 1 価の酸，$NaOH$ は 1 価の塩基なので，「酸の価数×酸の物質量 ＝ 塩基の価数×塩基の物質量」より，

$$1 \times 0.036 \text{ mol/L} \times \frac{10.0}{1000} \text{ L} = 1 \times x\text{〔mol/L〕} \times \frac{18.0}{1000} \text{ L}$$

$$x = 0.020 \text{ mol/L}$$

☐ **3.** 解答 3.00×10^{-1} mol/L (0.300 mol/L)

$Ba(OH)_2 \dfrac{17.1 \text{ g}}{171 \text{ g/mol}} = 0.100$ mol を水に溶かして 1.00 L にしたので，調製した $Ba(OH)_2$ 水溶液のモル濃度は 0.100 mol/L である。

HCl 水溶液のモル濃度を x〔mol/L〕とすると，HCl は 1 価の酸，$Ba(OH)_2$ は 2 価の塩基なので，「酸の価数×酸の物質量 ＝ 塩基の価数×塩基の物質量」より，

$$1 \times x\text{〔mol/L〕} \times \frac{10.0}{1000} \text{ L} = 2 \times 0.100 \text{ mol/L} \times \frac{15.0}{1000} \text{ L}$$

$$x = 0.300 \text{ mol/L}$$

☐ **4.** 0.10 mol/L のシュウ酸（COOH）$_2$水溶液と，濃度未知の塩酸がある。それぞれ 10 mL を，ある濃度の水酸化ナトリウム水溶液で滴定したところ，中和に要した体積は，それぞれ 7.5 mL と 15.0 mL であった。この塩酸のモル濃度は何 mol/L か。有効数字 2 桁で答えよ。

☐ **5.** ともに濃度不明の希硫酸 20 mL と希塩酸 20 mL を混合した水溶液がある。これを 0.10 mol/L の水酸化ナトリウム水溶液で中和したところ 40 mL を要した。混合する前の希硫酸と希塩酸の濃度に関する記述として正しいものを，次の ① ～ ④ のうちから一つ選べ。

① 希硫酸の濃度が 0.050 mol/L のとき，希塩酸の濃度は 0.025 mol/L である。

② 希塩酸の濃度が 0.20 mol/L のとき，希硫酸の濃度は 0.20 mol/L である。

③ 希硫酸の濃度は 0.10 mol/L より大きい。

④ 希塩酸の濃度は 0.20 mol/L より小さい。

□ **4.** 解答 $4.0×10^{-1}$ mol/L (0.40 mol/L)

HCl 水溶液のモル濃度を x (mol/L), NaOH 水溶液のモル濃度を y (mol/L) とする。

$(COOH)_2$ と NaOH の中和について, $(COOH)_2$ は 2 価の酸, NaOH は 1 価の塩基なので, 「酸の価数×酸の物質量 = 塩基の価数×塩基の物質量」より,

$$2×0.10 \text{ mol/L}×\frac{10}{1000} \text{ L} = 1×y \text{ (mol/L)}×\frac{7.5}{1000} \text{ L} \quad \cdots\cdots(1)$$

HCl と NaOH の中和について, HCl は 1 価の酸, NaOH は 1 価の塩基なので, 「酸の価数×酸の物質量 = 塩基の価数×塩基の物質量」より,

$$1×x \text{ (mol/L)}×\frac{10}{1000} \text{ L} = 1×y \text{ (mol/L)}×\frac{15.0}{1000} \text{ L} \quad \cdots\cdots(2)$$

式(1), 式(2)より, $x = 0.40$ mol/L なお, $y = \frac{4.0}{15}$ mol/L ≒ 0.27 mol/L

□ **5.** 解答 ④

H_2SO_4 水溶液のモル濃度を x (mol/L), HCl 水溶液のモル濃度を y (mol/L) とする。

H_2SO_4 と HCl の混合溶液を NaOH 水溶液で中和している。H_2SO_4 は 2 価の酸, HCl は 1 価の酸, NaOH は 1 価の塩基なので,
「2×H_2SO_4 の物質量 + 1×HCl の物質量 = 1×NaOH の物質量」
が成り立つ。

$$2×x \text{ (mol/L)}×\frac{20}{1000} \text{ L} + 1×y \text{ (mol/L)}×\frac{20}{1000} \text{ L}$$

$$= 1×0.10 \text{ mol/L}×\frac{40}{1000} \text{ L}$$

よって, $10x + 5y = 1$ $\cdots\cdots(1)$

① 誤り。$x = 0.050$ mol/L のとき, 式(1)より $y = 0.10$ mol/L
② 誤り。$y = 0.20$ mol/L のとき, 式(1)より $x = 0$ mol/L
③ 誤り。式(1)より $y = \frac{1-10x}{5} > 0$ なので, $x < 0.10$ mol/L
④ 正しい。式(1)より $x = \frac{1-5y}{10} > 0$ なので, $y < 0.20$ mol/L

□ **6.** 食酢中の酸の濃度を決定するため，中和滴定を行った。

食酢を純水で正確に 5 倍に薄めた。この水溶液 10.0 mL をホールピペットでコニカルビーカーにはかりとり，指示薬としてフェノールフタレイン溶液を加えて，ビュレットに入れた 0.100 mol/L の水酸化ナトリウム水溶液で滴定した。溶液の色が変化するまでに，水酸化ナトリウム水溶液を13.80 mL 必要とした。

食酢中の酸はすべて酢酸であるとすると，もとの食酢中の酢酸のモル濃度は何 mol/L か。有効数字 3 桁で答えよ。

□ **7.** 6.30 g のシュウ酸二水和物(COOH)$_2$·2 H$_2$O を正確にはかり取り，これを水に溶かして 1000 mL にした。この水溶液 20.0 mL をコニカルビーカーに入れ，ビュレットに入れた水酸化ナトリウム水溶液を滴定した。滴定を開始したときのビュレットの読みは，8.80 mL であり，中和点でのビュレットの液面の高さは図のようになった。

水酸化ナトリウム水溶液のモル濃度は何 mol/L か。有効数字 3 桁で答えよ。ただし，ビュレットの数値の単位は mL である。

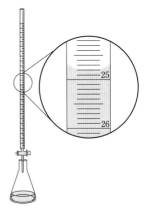

□ **6.** 解答 $6.90×10^{-1}$ mol/L $(0.690$ mol/L$)$

食酢中の CH_3COOH のモル濃度を x [mol/L] とする。

食酢を純水で正確に5倍に薄めた水溶液中の CH_3COOH のモル濃度は $\dfrac{x}{5}$ [mol/L] である。

CH_3COOH は1価の酸，$NaOH$ は1価の塩基なので，「酸の価数×酸の物質量 ＝ 塩基の価数×塩基の物質量」より，

$$1×\frac{x}{5}\text{[mol/L]}×\frac{10.0}{1000}\text{ L} = 1×0.100\text{ mol/L}×\frac{13.80}{1000}\text{ L}$$

$$x = 0.690\text{ mol/L}$$

□ **7.** 解答 $1.25×10^{-1}$ mol/L $(0.125$ mol/L$)$

$(COOH)_2\cdot 2 H_2O$ $\dfrac{6.30\text{ g}}{126\text{ g/mol}} = 0.0500$ mol を水に溶かして 1000 mL としたので，調製した $(COOH)_2$ 水溶液のモル濃度は 0.0500 mol/L である。

中和点でのビュレットの読みは 24.80 mL なので，中和に要した $NaOH$ 水溶液の体積は 24.80 mL−8.80 mL ＝ 16.00 mL である。

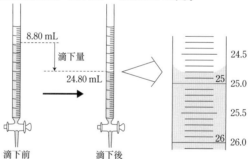

NaOH 水溶液のモル濃度を x [mol/L] とすると，$(COOH)_2$ は2価の酸，NaOH は1価の塩基なので，「酸の価数×酸の物質量 ＝ 塩基の価数×塩基の物質量」より，

$$2×0.0500\text{ mol/L}×\frac{20.0}{1000}\text{ L} = 1×x\text{ [mol/L]}×\frac{16.00}{1000}\text{ L}$$

$$x = 0.125\text{ mol/L}$$

注 ビュレットに溶液を入れた後は，滴定を開始する前に溶液を少し流しておく必要がある。

（理由）溶液の滴下後は，ビュレットの先端部が溶液で満たされるので，もし，滴定前に先端部が溶液で満たされていなければ，滴定値とコニカルビーカー内に滴下した溶液の体積にずれが生じてしまうから。

□ **8.** 0.10 mol/L の塩酸 10 mL を 0.050 mol/L の NaOH 水溶液で滴定した。滴定曲線として最も適当なものを，次の ① 〜 ④ のうちから一つ選べ。

①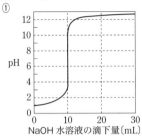

②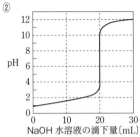

③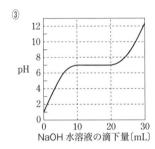

④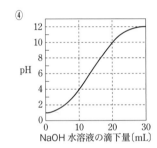

□ **9.** 水溶液 A 150 mL をコニカルビーカーに入れ，水溶液 B をビュレットから滴下しながら pH の変化を記録したところ，図の滴定曲線が得られた。水溶液 A，B として最も適当なものを，次の ① 〜 ⑨ のうちから一つずつ選べ。

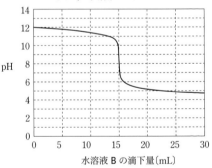

① 0.10 mol/L 塩酸　　　　② 0.010 mol/L 塩酸
③ 0.0010 mol/L 塩酸　　　④ 0.10 mol/L 酢酸水溶液
⑤ 0.010 mol/L 酢酸水溶液　⑥ 0.0010 mol/L 酢酸水溶液
⑦ 0.10 mol/L 水酸化ナトリウム水溶液
⑧ 0.010 mol/L 水酸化ナトリウム水溶液
⑨ 0.0010 mol/L 水酸化ナトリウム水溶液

□**8.** 解答 ②

　HCl（1価の強酸）をNaOH（1価の強塩基）で滴定している。

　強酸の水溶液に強塩基の水溶液を滴下したときの滴定曲線は，①または②である。

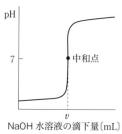

NaOH水溶液の滴下量〔mL〕

　中和点までに要したNaOH水溶液の体積をv〔mL〕とすると，

$$1 \times 0.10 \text{ mol/L} \times \frac{10}{1000} \text{ L} = 1 \times 0.050 \text{ mol/L} \times \frac{v}{1000} \text{〔L〕}$$

　$v = 20$ mL

よって，最も適当な滴定曲線は②である。

□**9.** 解答 A：⑧　　B：④

　滴定曲線から，塩基の水溶液に酸を滴下しており，選択肢から，AはNaOH（強塩基）水溶液である。また，中和点が塩基性側にあるので，強塩基に弱酸を滴下したと考えられ，Bは弱酸であるCH₃COOHの水溶液である（中和点ではCH₃COONa水溶液となり，塩基性を示す）。

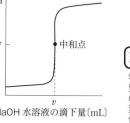

水溶液Bの滴下量〔mL〕

　Bの滴下量が0のとき，pHが12である。よって，AはpH 12のNaOH水溶液である。

　pH 12　$\Longleftrightarrow$　$[H^+] = 1.0 \times 10^{-12}$ mol/L

　$[H^+][OH^-] = 1.0 \times 10^{-14} \text{(mol/L)}^2$より，

　$[OH^-] = 1.0 \times 10^{-2}$ mol/L

したがって，Aは1.0×10^{-2} mol/L $= 0.010$ mol/L NaOH水溶液である。

　Bの滴下量が15 mLのとき，中和点に達する。Bのモル濃度をx〔mol/L〕とすると，CH₃COOHは1価の酸，NaOHは1価の塩基なので，

$$1 \times x \text{〔mol/L〕} \times \frac{15}{1000} \text{ L} = 1 \times 0.010 \text{ mol/L} \times \frac{150}{1000} \text{〔L〕}$$

　$x = 0.10$ mol/L

よって，Bは0.10 mol/L CH₃COOH水溶液である。

II

物質の変化

10. 0.01 mol/L の酸または塩基の水溶液 A，B がある。各水溶液 100 mL ずつを別々のビーカーにとり，指示薬としてフェノールフタレインを加え，0.1 mol/L 塩酸または 0.1 mol/L NaOH 水溶液で中和滴定を試みた。

次に指示薬をメチルオレンジに変えて同じ実験を行った。それぞれの実験により，表の結果を得た。水溶液 A，B に入っていた化合物として最も適当なものを，下の①〜⑤のうちから一つずつ選べ。

水溶液	フェノールフタレインを用いたときの色の変化	メチルオレンジを用いたときの色の変化	中和に要した液量〔mL〕
A	赤色から無色に，急激に変化した	黄色から赤色に，急激に変化した	20
B	無色から赤色に，急激に変化した	赤色から黄色に，徐々に変化した	10

① NH_3 ② KOH   ③ $Ca(OH)_2$
④ CH_3COOH ⑤ HNO_3

3 中和反応と濃度変化

11. 0.10 mol/L の塩酸 10 mL に 0.10 mol/L の水酸化ナトリウム水溶液を滴下すると，この混合水溶液中に存在する各イオンのモル濃度はそれぞれ図のように変化する。H^+，Na^+，OH^- のモル濃度の変化として最も適当なものを，図中の①〜③のうちからそれぞれ一つずつ選べ。

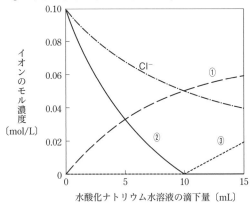

□**10.** 解答 A：③ B：④

　指示薬の色の変化，色が急激に変化したか徐々に変化したかに着目すると，図のような滴定曲線になると考えられる。よって，A は強塩基（②または③）で，HCl 水溶液を滴下し，B は弱酸（④）で，NaOH 水溶液を滴下していることがわかる。

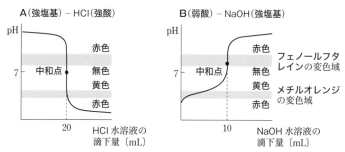

A（強塩基）－ HCl（強酸）

B（弱酸）－ NaOH（強塩基）

フェノールフタレインの変色域

メチルオレンジの変色域

　A の価数を n_A とすると，

$$1 \times 0.1\ \text{mol/L} \times \frac{20}{1000}\ \text{L} = n_A \times 0.01\ \text{mol/L} \times \frac{100}{1000}\ \text{L} \qquad n_A = 2$$

よって，A は 2 価の強塩基である③ $Ca(OH)_2$ である。

□**11.** 解答 H^+：② Na^+：① OH^-：③

　HCl は 1 価の酸，NaOH は 1 価の強塩基である。

$$HCl \longrightarrow H^+ + Cl^- \qquad NaOH \longrightarrow Na^+ + OH^-$$

　また，中和反応 $HCl + NaOH \longrightarrow NaCl + H_2O$ で生じた NaCl は完全に電離している。

　NaOH 水溶液の滴下量を v〔mL〕とする。中和点では，

$$1 \times 0.10\ \text{mol/L} \times \frac{10}{1000}\ \text{L} = 1 \times 0.10\ \text{mol/L} \times \frac{v}{1000}\ \text{(L)}$$

$$v = 10\ \text{mL}$$

H^+：$v < 10$ mL では，H^+ は中和されて減少していき，$v \geqq 10$ mL では，ほぼ 0 となる。よって，濃度変化は曲線②で表される。

OH^-：$v < 10$ mL では，H^+ の中和に消費され，ほぼ 0 である。$v \geqq 10$ mL では，OH^- が増加していく。よって，濃度変化は曲線③で表される。

Na^+：NaOH 水溶液の滴下量に比例して Na^+ の物質量は増加する。溶液の体積は増加していくので，濃度は曲線①のように増加する。

Cl^-：NaOH 水溶液を加えても Cl^- の物質量は変化しないが，溶液の体積が増加していくので，濃度は図の曲線のように減少していく。

□**12.** ある量の気体のアンモニアを入れた容器に 0.30 mol/L の硫酸 40 mL を加え，よく振ってアンモニアをすべて吸収させた。反応せずに残った硫酸を 0.20 mol/L の水酸化ナトリウム水溶液で中和滴定したところ，20 mL を要した。はじめのアンモニアの体積は， 0 ℃，1,013×10⁵ Pa で何 L か。有効数字 2 桁で答えよ。

□**13.** 二酸化炭素と酸素の混合気体がある。この混合気体中の二酸化炭素の量を求めるために，次の実験を行った。

この混合気体を，0.0100 mol/L の $Ba(OH)_2$ 水溶液 1.00 L に通じて完全に反応させた。このとき，次の反応が起こり，$BaCO_3$ の沈殿が生じた。また，溶液の体積は変わらなかったものとする。

$$CO_2 + Ba(OH)_2 \longrightarrow BaCO_3 + H_2O \quad \cdots\cdots(1)$$

生じた $BaCO_3$ の沈殿を取り除き，残った $Ba(OH)_2$ 水溶液から 100 mL をとり，0.0100 mol/L の硫酸で中和したところ 20.0 mL 必要であった。

この混合気体に含まれていた二酸化炭素の体積は， 0 ℃，1,013×10⁵ Pa で何 mL か。有効数字 3 桁で答えよ。

□**12.** **解答** $4.5×10^{-1}$ L $(0.45$ L$)$

H₂SO₄ に NH₃ を吸収させた後，残った H₂SO₄ を NaOH で中和滴定している。

吸収された NH₃ の体積を V〔L〕とすると，0.30 mol/L の H₂SO₄ 水溶液 40 mL を，V〔L〕の NH₃ と 0.20 mol/L の NaOH 水溶液 20 mL で中和していることになる。H₂SO₄ は 2 価の酸，NH₃ と NaOH は 1 価の塩基なので，

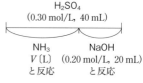

H₂SO₄
(0.30 mol/L, 40 mL)

NH₃
V〔L〕
と反応

NaOH
(0.20 mol/L, 20 mL)
と反応

「2×H₂SO₄ の物質量 ＝ 1×NH₃ の物質量＋1×NaOH の物質量」

$$2×0.30 \text{ mol/L}×\frac{40}{1000}\text{ L} = 1×\frac{V〔\text{L}〕}{22.4 \text{ L/mol}} + 1×0.20 \text{ mol/L}×\frac{20}{1000}\text{ L}$$

$$V = 0.448 \text{ L} ≒ 0.45 \text{ L}$$

□**13.** **解答** $1.80×10^2$ mL $(180$ mL$)$

Ba(OH)₂ に CO₂ を吸収させた後，残った Ba(OH)₂ を H₂SO₄ で中和滴定している。

混合気体に含まれていた CO₂ の体積を V〔mL〕とすると，式(1)の反応により，CO₂ と Ba(OH)₂ が物質量比 1：1 で反応するので，反応後に残った Ba(OH)₂ の物質量は，

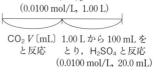

Ba(OH)₂
(0.0100 mol/L, 1.00 L)

CO₂ V〔mL〕
と反応

1.00 L から 100 mL を
とり，H₂SO₄ と反応
(0.0100 mol/L, 20.0 mL)

$$0.0100 \text{ mol/L}×1.00 \text{ L} - \frac{V×10^{-3}〔\text{L}〕}{22.4 \text{ L/mol}} = \left(10.0-\frac{V}{22.4}\right)×10^{-3}〔\text{mol}〕$$

BaCO₃ の沈殿を除いた後，溶液 1.00 L (1000 mL) から 100 mL をとり，H₂SO₄ で中和している。H₂SO₄ は 2 価の酸，Ba(OH)₂ は 2 価の塩基なので，

$$2×0.0100 \text{ mol/L}×\frac{20.0}{1000}\text{ L} = 2×\left(10.0-\frac{V}{22.4}\right)×10^{-3}〔\text{mol}〕×\frac{100 \text{ mL}}{1000 \text{ mL}}$$

$$V = 179.2 \text{ mL} ≒ 180 \text{ mL}$$

1 酸化還元反応と量的関係

□ **1.** 0.0500 mol/L のシュウ酸水溶液 10.0 mL を希硫酸で酸性にし，これに濃度未知の過マンガン酸カリウム水溶液を滴下した。滴下量が 20.0 mL のときに赤紫色が消えずにわずかに残った。過マンガン酸カリウム水溶液のモル濃度は何 mol/L か。有効数字 3 桁で答えよ。ただし，シュウ酸および過マンガン酸イオンの反応は，電子を含む次のイオン反応式で表される。

$$(COOH)_2 \longrightarrow 2\,CO_2 + 2\,H^+ + 2\,e^- \qquad \cdots\cdots(1)$$

$$MnO_4{}^- + 8\,H^+ + 5\,e^- \longrightarrow Mn^{2+} + 4\,H_2O \qquad \cdots\cdots(2)$$

解答・ポイント

□ **1.** 解答 1.00×10^{-2} mol/L (0.0100 mol/L)

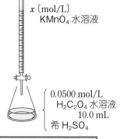

硫酸酸性の$(COOH)_2$水溶液に$KMnO_4$水溶液を滴下していくと，$(COOH)_2$がCO_2に，MnO_4^-がMn^{2+}に変化する。MnO_4^-は赤紫色，Mn^{2+}はほぼ無色なので，滴下した$KMnO_4$水溶液の赤紫色が消えずに残り始めたときが，$(COOH)_2$と$KMnO_4$が過不足なく反応したとき（滴定の終点）である。

酸化還元反応ではe^-の授受が起こっているので，酸化剤と還元剤が過不足なく反応したとき，

> 「還元剤が放出するe^-の物質量 ＝ 酸化剤が受け取るe^-の物質量」

の関係が成り立つ。

与えられた式(1)，(2)の反応式より，$(COOH)_2$ 1 mol あたり 2 mol の e^- を放出し，MnO_4^- 1 mol あたり 5 mol の e^- を受け取る。よって，$KMnO_4$水溶液のモル濃度をx (mol/L)とすると，

$$2 \times 0.0500 \text{ mol/L} \times \frac{10.0}{1000} \text{ L} = 5 \times x \text{ (mol/L)} \times \frac{20.0}{1000} \text{ L}$$

$$x = 0.0100 \text{ mol/L}$$

〔別解〕 式(1)×5＋式(2)×2 より，e^-を消去したイオン反応式をつくり，反応式の係数の比に着目して，式を立ててもよい。

$$5(COOH)_2 + 2 MnO_4^- + 6 H^+ \longrightarrow 2 Mn^{2+} + 8 H_2O + 10 CO_2$$

$$0.0500 \text{ mol/L} \times \frac{10.0}{1000} \text{ L} : x \text{ (mol/L)} \times \frac{20.0}{1000} \text{ L} = 5 : 2$$

$$x = 0.0100 \text{ mol/L}$$

2. 過マンガン酸カリウム $KMnO_4$ と過酸化水素 H_2O_2 の酸化剤あるいは還元剤としてのはたらきは，電子を含む次のイオン反応式で表される。

$$MnO_4^- + 8H^+ + 5e^- \longrightarrow Mn^{2+} + 4H_2O \qquad \cdots\cdots(1)$$
$$H_2O_2 \longrightarrow O_2 + 2H^+ + 2e^- \qquad \cdots\cdots(2)$$

過酸化水素 x〔mol〕を含む硫酸酸性水溶液に過マンガン酸カリウム水溶液を加えたところ，酸素が発生した。この反応における加えた過マンガン酸カリウムの物質量と，未反応の過酸化水素の物質量との関係は，図のようになった。反応前の過酸化水素の物質量 x は何 mol か。有効数字 2 桁で答えよ。

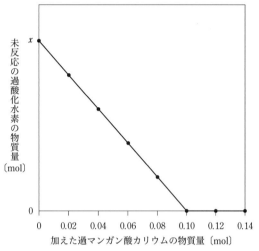

縦軸：未反応の過酸化水素の物質量〔mol〕
横軸：加えた過マンガン酸カリウムの物質量〔mol〕

3. 物質 A を溶かした水溶液がある。この水溶液を 2 等分し，それぞれの水溶液中の A を，硫酸酸性条件下で異なる酸化剤を用いて完全に酸化した。$0.020\ mol/L$ の過マンガン酸カリウム水溶液を用いると x〔mL〕が必要であり，$0.010\ mol/L$ の二クロム酸カリウム水溶液を用いると y〔mL〕が必要であった。$\dfrac{x}{y}$ の値はいくらか。有効数字 2 桁で答えよ。ただし，2 種類の酸化剤のはたらき方は，次式で表され，いずれの場合も A を酸化して得られる生成物は同じである。

$$MnO_4^- + 8H^+ + 5e^- \longrightarrow Mn^{2+} + 4H_2O$$
$$Cr_2O_7^{2-} + 14H^+ + 6e^- \longrightarrow 2Cr^{3+} + 7H_2O$$

☐ **2 .** 【解答】 2.5×10^{-1} mol $(0.25$ mol$)$

x〔mol〕の H_2O_2 を含む硫酸酸性水溶液
に $KMnO_4$ 水溶液を加えていくと，H_2O_2
が次第に減少し，やがてすべて反応する。
図より，0.10 mol の $KMnO_4$ を加えたとき，
H_2O_2 と $KMnO_4$ が過不足なく反応したと
判断できる。

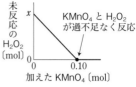

「還元剤が放出する e^- の物質量 ＝ 酸化剤が受け取る e^- の物質量」より，
$2\times x$〔mol〕 ＝ 5×0.10 mol　　　$x = 0.25$ mol

〔**別解**〕　式(1)×2＋式(2)×5 より，e^- を消去すると，
$2\,MnO_4^- + 5\,H_2O_2 + 6\,H^+ \longrightarrow 2\,Mn^{2+} + 8\,H_2O + 5\,O_2$
0.10 mol：x〔mol〕＝ 2：5　　　$x = 0.25$ mol

☐ **3 .** 【解答】 6.0×10^{-1} (0.60)

A の水溶液を 2 等分し，一方を $KMnO_4$ で，もう一方を $K_2Cr_2O_7$ で酸化し
ている。

　　A ＋ $KMnO_4$　（0.020 mol/L，x〔mL〕必要）
　　A ＋ $K_2Cr_2O_7$　（0.010 mol/L，y〔mL〕必要）

等しい量の A が酸化されるとき，A が放出する e^- の物質量は等しいので，
「$KMnO_4$ が受け取る e^- の物質量 ＝ $K_2Cr_2O_7$ が受け取る e^- の物質量」が成
り立つ。

$$5\times0.020 \text{ mol/L}\times\frac{x}{1000}\text{〔L〕} = 6\times0.010 \text{ mol/L}\times\frac{y}{1000}\text{〔L〕}$$

$$\frac{x}{y} = 0.60$$

□ **4.** 十分な量のヨウ化カリウム KI の水溶液に，硫酸酸性の過酸化水素 H_2O_2 の水溶液を加えて酸化すると，ヨウ素 I_2 が生成した。消費した H_2O_2 の質量と生成した I_2 の物質量の関係を表す直線として最も適当なものを，次の①～⑤のうちから一つ選べ。

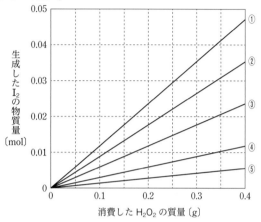

縦軸：生成した I_2 の物質量〔mol〕
横軸：消費した H_2O_2 の質量〔g〕

---

2 金属の酸化還元反応

□ **5.** 3.0 g の亜鉛板を硝酸銀水溶液に浸したところ，亜鉛が溶解して銀が析出した。溶解せずに残った亜鉛の質量が 1.7 g のとき，析出した銀の質量は何 g か。有効数字 2 桁で答えよ。

□ **4.** 解答 ④

KI 水溶液に硫酸酸性の H_2O_2 水溶液を加えると，H_2O_2 が酸化剤，I^- が還元剤としてはたらき，次のように変化する。

$H_2O_2 + 2H^+ + 2e^- \longrightarrow 2H_2O$

$2I^- \longrightarrow I_2 + 2e^-$

この2つの式から e^- を消去すると，

$H_2O_2 + 2H^+ + 2I^- \longrightarrow 2H_2O + I_2$

この反応式より，消費した H_2O_2 の物質量と，生成した I_2 の物質量が等しいことがわかる。

消費した H_2O_2 の質量を w〔g〕とすると，

$$\text{生成した } I_2 \text{ の物質量} = \frac{w〔g〕}{34 \text{ g/mol}} = \frac{w}{34}〔\text{mol}〕$$

$w = 0.34$ g のとき，生成した I_2 は $\dfrac{0.34}{34}$ mol $= 0.010$ mol となり，この点を通る直線④が適当である。

□ **5.** 解答 4.3 g

イオン化傾向が Zn > Ag なので，Zn を $AgNO_3$ 水溶液に浸すと，次の反応が起こる。

$Zn \longrightarrow Zn^{2+} + 2e^-$ ……(1)

$Ag^+ + e^- \longrightarrow Ag$ ……(2)

式(1)+式(2)×2 より，e^- を消去すると，

$Zn + 2Ag^+ \longrightarrow Zn^{2+} + 2Ag$ ……(3)

Zn の質量が 3.0 g から 1.7 g になったとき，反応した Zn の物質量は，

$$\frac{3.0 \text{ g} - 1.7 \text{ g}}{65 \text{ g/mol}} = 0.020 \text{ mol}$$

式(3)の反応より，このとき析出した Ag の物質量は，

0.020 mol×2 $= 0.040$ mol

その質量は，

108 g/mol×0.040 mol $= 4.32$ g $\fallingdotseq 4.3$ g

コラム❷　酸化数の決め方（試行調査からの抜粋）

　共有結合している原子の酸化数は，電気陰性度の大きい方の原子が共有電子対を完全に引きつけたと仮定して定められている。

　たとえば，水分子では，図のように酸素原子が矢印の方向に共有電子対を引きつけるので，酸素原子の酸化数は −2，水素原子の酸化数は +1 となる。

2個の水素原子から電子を1個ずつ引きつけるので，酸素原子の酸化数は −2 となる。

　過酸化水素分子の酸素原子は，図のように O−H 結合において共有電子対を引きつけるが，O−O 結合においては，どちらの酸素原子も共有電子対を引きつけることができない。したがって，酸素原子の酸化数はいずれも −1 となる。

　これらの記述をもとに，図のエタノール分子中の炭素原子 A の酸化数を求めてみよう。

エタノール

　ほとんどの受験生にとって，上記の内容は初見であったと思われるが，文章中の内容を，エタノールにそのまま当てはめて考えてみよう。

　エタノールについて，問題中の図と同様に表現すると，右図のようになる。

　電気陰性度は O ＞ C ＞ H なので，C−H 結合では C 原子が，C−O および O−H 結合では O 原子が電子を引きつける。また，C−C 結合ではどちらの原子も電子を引きつけない。

　炭素原子 A は，2個の H 原子から電子を1個ずつ引きつけ，1個の O 原子に電子を1個引きつけられるので，炭素原子 A の酸化数は，

　　(−1) + (−1) + (+1) = **−1**

となる。なお，炭素原子 a の酸化数は，(−1) × 3 = −3 となる。

第Ⅲ章

化学と
人間生活

1 化学と人間生活

1 身のまわりの現象

□ **1.**（○×） お湯を沸かしたときに白く見える湯気は，水蒸気が凝縮してできた水滴である。

□ **2.**（○×） 水の凍結によって水道管が破損することがあるのは，水は凝固すると体積が増加するためである。

□ **3.**（○×） 氷水を入れたコップの外側に水滴がつくのは，空気中の水蒸気が凝縮するためである。

□ **4.**（○×） ドライアイスを室内に放置しておくと小さくなるのは，ドライアイスが昇華するためである。

□ **5.**（○×） 天然ガスの主成分であるメタンは空気より密度が大きいので，天然ガスが空気中に漏れた場合には下方に滞留する。

□ **6.**（○×） 雨水には空気中の二酸化炭素が溶けているため，大気汚染の影響がなくてもその pH は 7 より小さい。

□ **7.**（○×） 漂白剤を使うと，白い衣服についたインクのシミが消えた。このとき，中和反応が起こっていた。

🔍 解答・ポイント

□ **1.** **解答** ○
　　お湯を沸かしたときに発生する水蒸気が，空気中で冷やされて凝縮した水滴が湯気である。

□ **2.** **解答** ○
　　水が凝固して氷になると，体積は大きくなる。

□ **3.** **解答** ○
　　氷水を入れたコップの周りの空気が冷やされ，空気中の水蒸気が凝縮し，コップの外側に水滴がつく。

□ **4.** **解答** ○
　　ドライアイス CO_2 は，室温で昇華して気体になるため，放置すると小さくなる。

□ **5.** **解答** ✕　メタンは空気より密度が小さいので，上方に滞留する。
　　天然ガスの主成分はメタン CH_4 である。
　　メタン CH_4 の分子量(16)は空気の平均分子量(約29※)より小さいので，CH_4 は，空気より密度が小さく，軽い。よって，天然ガスが空気中に漏れると，上方に滞留する。
　　※ 空気の組成(体積パーセント)を N_2 80 %，O_2 20 % とすると，

$$平均分子量 = 28×\frac{80}{100} + 32×\frac{20}{100} = 28.8$$

□ **6.** **解答** ○
　　雨水には，空気中の CO_2 が溶けている。CO_2 の水溶液(炭酸 H_2CO_3 水)は弱酸性を示すので，大気汚染の影響がない雨水でも pH は 7 より小さく，pH 5.6 程度であることが知られている。
　　なお，窒素酸化物や硫黄酸化物が空気中に放出され，大気汚染が進むと，雨水の酸性が強くなる。このような雨は，酸性雨とよばれる。

□ **7.** **解答** ✕　漂白のときは，酸化還元反応が起こる。
　　漂白剤によりインクのシミが消えるのは，酸化還元反応により，インクの成分が変化するためである。

☐ **8.** (○×) 鉄は，湿った空気中では赤さびを生じる。

☐ **9.** (○×) 白金は，空気中で化学的に変化しにくいため，宝飾品に用いられる。

☐ **10.** (○×) 炭酸水素ナトリウムは，加熱すると気体を発生するので，ベーキングパウダー(ふくらし粉)として調理に用いられる。

☐ **11.** (○×) 塩化カルシウムは，除湿剤や乾燥剤として用いられる。

☐ **12.** (○×) 生石灰(酸化カルシウム)は，吸湿性が強いので，焼き海苔などの保存に用いられる。

☐ **13.** (○×) 塩化ナトリウムは，塩素系漂白剤の主成分として利用されている。

☐ **14.** (○×) 塩素が水道水に加えられているのは，pH を調整するためである。

☐ **15.** (○×) ヨウ素は酸化力をもち，うがい薬に用いられる。

☐ **16.** (○×) 油で揚げたスナック菓子の袋に窒素が充塡されているのは，油が酸化されるのを防ぐためである。

☐ **17.** (○×) ビタミン C(アスコルビン酸)は，食品の着色料として用いられる。

□ **8.** 解答 ○

　　鉄 Fe は，湿った空気中で酸化され，赤さび(酸化鉄(III) Fe_2O_3)を生じる。

□ **9.** 解答 ○

　　白金 Pt や金 Au は，イオン化傾向が小さく，空気中で変化しにくい。Pt や Au は宝飾品に用いられる。

□ **10.** 解答 ○

　　炭酸水素ナトリウム $NaHCO_3$ は，重曹ともよばれる。加熱すると CO_2 を発生するので，ベーキングパウダー(ふくらし粉)として用いられる。
　　　　$2\,NaHCO_3 \longrightarrow Na_2CO_3 + H_2O + CO_2$

□ **11.** 解答 ○

　　塩化カルシウム $CaCl_2$ は，吸湿作用をもつので，除湿剤，乾燥剤として用いられる。

□ **12.** 解答 ○

　　生石灰(酸化カルシウム) CaO は，吸湿作用をもつので，焼き海苔，煎餅など，食品(乾物)の乾燥剤として用いられる。

□ **13.** 解答 ✕　塩化ナトリウムには，漂白作用がない。

　　塩化ナトリウム NaCl は，食塩として用いられている。なお，塩素系漂白剤の主成分は，次亜塩素酸ナトリウム NaClO である。

□ **14.** 解答 ✕　水道水の殺菌のために，塩素が加えられている。

　　塩素 Cl_2 は殺菌作用をもつ。これは，Cl_2 が水に溶けたときに生じる次亜塩素酸 HClO の酸化力によるものである。水道水は，塩素で消毒することが水道法で定められている。

□ **15.** 解答 ○

　　ヨウ素 I_2 は酸化作用をもち，殺菌作用を示す。ヨウ素は，うがい薬に用いられる。

□ **16.** 解答 ○

　　油は，空気中の酸素 O_2 によって酸化されるので，スナック菓子の袋には，窒素 N_2 を充塡し，油の酸化を防いでいる。

□ **17.** 解答 ✕　食品の酸化防止剤として用いられる。

　　食品には，空気中の酸素 O_2 によって酸化されるものが多い。ビタミン C(アスコルビン酸)は，酸化されやすい物質であり，食品の酸化防止剤として用いられる。

□**18.**（○✗）　アンモニアは，肥料の原料として用いられる。

□**19.**（○✗）　セッケンなどの洗剤には，その構造の中に水になじみやすい部分と油になじみやすい部分がある。

□**20.**（○✗）　ダイヤモンドは，非常に硬いため，研磨剤に用いられる。

□**21.**（○✗）　プラスチックは，おもに石油からつくり出される高分子化合物である。

□**22.**（○✗）　プラスチックの廃棄が環境問題を引き起こすのは，ほとんどのプラスチックが自然界で分解されにくいからである。

3　金属の製錬
- -
□**23.**（○✗）　鉄は，鉄鉱石をコークスで酸化して得られる。

□**24.**（○✗）　アルミニウムは，鉄と同様，鉱石をコークスとともに加熱して得られる。

□**25.**（○✗）　アルミニウムの製造に必要なエネルギーは，鉱石から製錬するより，リサイクルする方が節約できる。

□**26.**（○✗）　高純度の銅を得るには，粗銅を電解精錬する。

☐**18.** 解答 ○

　植物の生育に不足しやすい成分に，窒素 N，リン P，カリウム K がある。アンモニア NH_3 は窒素肥料の原料に用いられる。

☐**19.** 解答 ○

　セッケンなどの洗剤は，水になじみやすい部分と油になじみやすい部分がある。洗剤で油汚れを落とすとき，洗剤は油を右図のように取り囲み，水中に分散する。

油になじみ　水になじみ
やすい部分　やすい部分

☐**20.** 解答 ○

　ダイヤモンド C は無色透明で，非常に硬い。宝飾品や研磨剤に用いられる。

☐**21.** 解答 ○

　ポリエチレン，ポリエチレンテレフタラートなど，プラスチックは高分子化合物であり，主に石油からつくられる。

☐**22.** 解答 ○

　プラスチックは，自然界で分解されにくく，その廃棄は環境に悪影響を与える。なお，近年は，自然界の微生物のはたらきで分解される生分解性プラスチックの開発が進んでいる。

☐**23.** 解答 ✕　鉄は，鉄鉱石を還元して得られる。

　鉄鉱石の主成分は鉄の酸化物（Fe_2O_3 など）である。鉄 Fe は，コークス C から生じた一酸化炭素 CO によって，鉄の酸化物を還元して得られる。

　　　$Fe_2O_3 + 3\,CO \longrightarrow 2\,Fe + 3\,CO_2$

☐**24.** 解答 ✕　酸化アルミニウムの溶融塩電解で得られる。

　アルミニウムの鉱石はボーキサイト（主成分：酸化アルミニウム Al_2O_3）である。アルミニウム Al は，融解した Al_2O_3 を電気分解（溶融塩電解）して得られる。

☐**25.** 解答 ○

　アルミニウムの製造をリサイクルで行うと，製造に必要なエネルギーは，鉱石から製錬するときの約 3 ％で済む。

☐**26.** 解答 ○

　粗銅には，金，銀，鉄，亜鉛，ニッケルなどの不純物が含まれる。粗銅を純銅にするためには電気分解が利用される。電気分解により金属の純度を高める操作を電解精錬という。

コラム❸　電導度滴定（グラフからの類推）

　0.10 mol/L の塩酸 20.0 mL をはかりとり，これに電源と電流計につないだ電極を入れた。この塩酸に濃度未知の水酸化ナトリウム水溶液を滴下し，水酸化ナトリウム水溶液の滴下量 v 〔mL〕と電流値 i 〔mA〕の関係を測定したところ，表の結果が得られた。（電圧は一定）

　この結果をもとに，水酸化ナトリウム水溶液のモル濃度〔mol/L〕を求めてみよう。

v 〔mL〕	i 〔mA〕
0	20.0
2.0	16.1
4.0	12.8
6.0	10.0
8.0	7.6
10.0	5.5
12.0	3.7
14.0	4.6
16.0	5.5
18.0	6.2
20.0	6.9

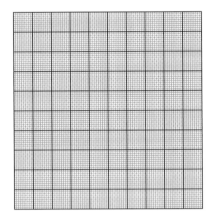

　まずは，表のデータをグラフに記してみよう。

　曲線が 12.0 mL で折れ曲がっているため，NaOH 水溶液の滴下量が 12.0 mL のとき，中和点に達したと類推できる。

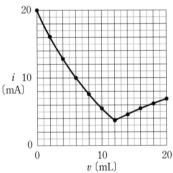

参考　酸と塩基の水溶液では，電気伝導度（電気の通しやすさ）が異なることが知られている。したがって，中和点の前後でグラフの傾きが大きく異なる。

　NaOH 水溶液のモル濃度を x 〔mol/L〕とすると，HCl は 1 価の酸，NaOH は 1 価の塩基なので，

$$1 \times 0.10 \, \text{mol/L} \times \frac{20.0}{1000} \, \text{L} = 1 \times x \, (\text{mol/L}) \times \frac{12.0}{1000} \, \text{L}$$

$$x = 0.166 ≒ \mathbf{0.17 \, mol/L}$$

第 IV 章

実　　験

第Ⅳ章 | 実 験

1 | 実 験

1 実験の注意点

□ **1**.（○×） 実験を行うときは，保護めがねをかける。

□ **2**.（○×） 薬品のにおいをかぐときは，容器の真上に鼻を近づけてかぐ。

□ **3**.（○×） 水溶液の温度をはかるときは，温度計でよくかきまぜた後，目盛りを読む。

□ **4**.（○×） 液体の入った試験管を加熱するときは，試験管の口を人のいない方に向ける。

□ **5**.（○×） 硫化水素など有毒な気体は，ドラフト中で扱う。

□ **6**.（○×） 濃塩酸は，換気のよい場所で扱う。

□ **7**.（○×） 取りすぎた薬品は，必ずもとの試薬びんに戻す。

□ **8**.（○×） 重金属を含む廃液は，水で薄めて捨てる。

□ **9**.（○×） 水酸化ナトリウムの水溶液が手についたら，すぐに大量の希塩酸で十分に洗う。

□ **10**.（○×） 濃硫酸を希釈するときは，ビーカーに入れた濃硫酸に純水を注ぐ。

🔖 解答・ポイント

□ **1.** 解答 ○

　　薬品が目に入るのを防ぐため，実験を行うときは，保護めがねををかける。

□ **2.** 解答 ✕　薬品のにおいをかぐときは，手であおぎよせてかぐ。

　　薬品のにおいをかぐときは，直接鼻を近づけずに，手で気体をあおぎよせてかぐ。

□ **3.** 解答 ✕　攪拌棒でかきまぜた後，温度計の目盛りを読む。

　　水溶液の温度をはかるときは，温度計が破損するのを防ぐため，温度計で
かきまぜずに，攪拌棒でかきまぜる。

□ **4.** 解答 ○

　　液体の入った試験管を加熱するときは，突沸するおそれがあるため，試験
管の口を人のいない方に向ける。

□ **5.** 解答 ○

　　有毒な気体を扱ったり発生させたりする場合は，ドラフト(排気装置のある
場所)で行う。

□ **6.** 解答 ○

　　濃塩酸は揮発性があり，蒸気の塩化水素は有毒なので，換気のよい場所で扱う。

□ **7.** 解答 ✕　取りすぎた薬品は，もとの試薬びんに戻してはいけない。

　　取りすぎた薬品をもとの試薬びんに戻すと，薬品が汚染されるおそれがある
ので，取りすぎても試薬びんに戻してはいけない。

□ **8.** 解答 ✕　重金属を含む廃液は，回収する。

　　重金属(Cu，Ag，Hg，Cr，Pb，Mn など)を含む廃液は，有害なので，水
で薄めたとしても，流しに捨ててはいけない。

□ **9.** 解答 ✕　すぐに多量の水で洗い流す。

　　薬品が手についたら，多量の水で洗い流す。NaOH 水溶液が手についたと
きに塩酸で中和すると，発熱により火傷するおそれがある。

□ **10.** 解答 ✕　純水に濃硫酸を少しずつ加える。

　　濃硫酸は水に触れると多量の熱を発生するので，濃硫酸を希釈するときは，
純水に濃硫酸を少しずつ加える。

□**11.** 次の操作は，図のガスバーナーの調節ねじ A および B の操作に関するものである。 ア 〜 ウ に当てはまる記号を，下の ①・② のうちから一つずつ選べ。

操作1　図のガスバーナーの調節ねじ A，B がともに閉まっていることを確認し，ガスの元栓を開ける。

操作2　ガスバーナーの燃焼口に火を近づけて，調節ねじ ア を矢印の方向に少し回して点火する。

操作3　調節ねじ イ を矢印の方向に回して炎を大きくする。

操作4　調節ねじ イ を押さえ，調節ねじ ウ を矢印の方向に回して炎が青くなるように調節する。

操作5　使用後，調節ねじ A，B をしめ，元栓を閉じる。

① A　　② B

2　混合物の分離

□**12.** 砂が混じっている塩化ナトリウム水溶液から，ろ過により砂を除く方法を示した図として最も適当なものを，次の ① 〜 ⑥ のうちから一つ選べ。ただし，図ではろうと台などを省略している。

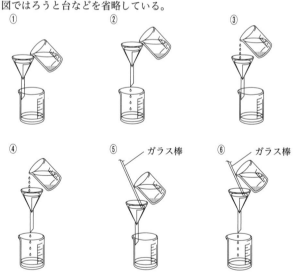

① ② ③

④ ⑤ ガラス棒 ⑥ ガラス棒

□**11.** 解答 ア：② イ：② ウ：①

ガスバーナーの A は空気調節ねじ，B はガス調節ねじである。

点火の際は，次の手順で行う。

操作1 空気調節ねじ A，ガス調製ねじ B が閉まっていることを確認し，ガスの元栓を開ける。

操作2 ガスバーナーの燃焼口に火を近づけて，ガス調節ねじ B を矢印の方向に少し回して点火する。

操作3 ガス調節ねじ B を矢印の方向に回して，炎を大きくする。

操作4 空気調節ねじ A を矢印の方向に回して，炎が青くなるように調節する。

消火の際は，点火の逆の順に操作する。

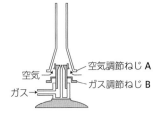

空気調節ねじ A
空気
ガス調節ねじ B
ガス→

□**12.** 解答 ⑤

ろ過の装置を選択する問題である。

砂は水に溶けないので，砂が混じっている塩化ナトリウム水溶液をろ過すると，塩化ナトリウム水溶液から砂を除くことができる。

ろ過における注意点は次のとおりである。

⑴ 液体をろ紙に注ぐときは，ガラス棒に伝わらせて注ぐ。

⑵ ろうとの足を，ろ液を受けるビーカーの内壁につける。

ガラス棒

☐13. ガラスの破片が混じったヨウ素がある。これをビーカーに入れ，昇華によって，できるだけ多くのヨウ素をフラスコの底面に集めたい。その装置として最も適当なものを，次の①〜④のうちから一つ選べ。ただし，支持器具は省略してある。

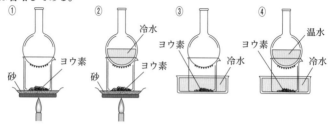

☐14. 蒸留を行うために，図のような装置を組み立てたが，**不適切な箇所がある**。その内容を記した記述を，下の①〜⑤のうちから一つ選べ。

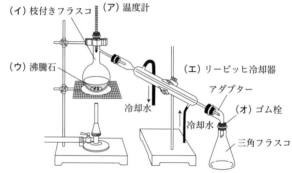

① 温度計(**ア**)の球部を，枝付きフラスコの枝の付け根あたりに合わせている。

② 枝付きフラスコ(**イ**)に入れる液体の量を，フラスコの半分以下にしている。

③ 沸騰石(**ウ**)を，枝付きフラスコの中に入れている。

④ リービッヒ冷却器(**エ**)の冷却水を，下部から入り上部から出る向きに流している。

⑤ ゴム栓(**オ**)で，アダプターと三角フラスコとの間をしっかり密閉している。

☐**13.** 解答 ②

昇華（昇華法）の装置を選択する問題である。

ガラスの破片が混じったヨウ素 I_2 から，ヨウ素を分離して集めるためには，次のようにすればよい。

(1) 固体のヨウ素を昇華により気体にする。

ガラスの破片が混じったヨウ素の入ったビーカーを加熱すると，ヨウ素が昇華する。

(2) 発生したヨウ素の蒸気を冷却し，固体にする。

フラスコに冷水を入れておくと，フラスコの底面にヨウ素の固体が付着する。

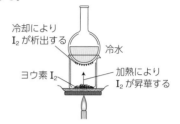

冷却により I_2 が析出する　冷水
ヨウ素 I_2　加熱により I_2 が昇華する

☐**14.** 解答 ⑤ アダプターと三角フラスコとの間は密閉しない。

蒸留装置における注意点は次のとおりである。

(1) 枝に向かう蒸気の温度をはかるため，温度計(**ア**)の球部を，枝付きフラスコの枝の付け根あたりに合わせる。

(2) 沸騰したときに液体が枝に向かわないために，枝付きフラスコ(**イ**)に入れる液量は半分以下にし，突沸を防ぐために沸騰石(**ウ**)を入れる。

(3) リービッヒ冷却器(**エ**)の冷却水は，下から上へ流すことにより，冷却効果を高くすることができる。

(4) アダプターと三角フラスコとの間を密閉すると，発生した蒸気により装置内の圧力が高くなり，器具が破損するおそれがあるので，密閉しない。

□**15.** 図の装置を用いて，塩化アンモニウムと水酸化カルシウムの混合物を試験管中で加熱し，アンモニアを発生させた。この実験に関連する記述として誤りを含むものを，次の①〜③のうちから一つ選べ。

塩化アンモニウム + 水酸化カルシウム

① この実験は，換気のよい場所で行うべきである。

② 試験管の口を少し下げておくのは，生成する水と加熱部が接触するのを避けるためである。

③ 発生したアンモニアは，下方置換で捕集する。

□**16.** 炭酸カルシウムと希塩酸をふたまた試験管中で反応させ，気体を発生させる。この実験を行うとき，ふたまた試験管は ア のように使い，発生した気体の捕集を イ で行う。

ア ， イ に当てはまる図を，次の①〜⑤のうちからそれぞれ一つずつ選べ。ただし，図中の A と B の部分をゴム管で連結する。

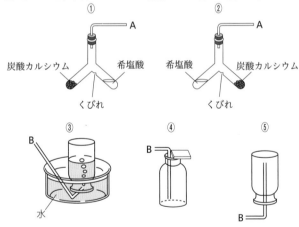

① ②

炭酸カルシウム　　希塩酸　　　　希塩酸　　炭酸カルシウム

くびれ　　　　　　　　　くびれ

③　　　　　　　　④　　　　　　⑤

水

□**15.** 解答 ③　上方置換で捕集する。

塩化アンモニウムと水酸化カルシウムの混合物を加熱すると，アンモニアが発生する。

$$2\,NH_4Cl + Ca(OH)_2 \longrightarrow CaCl_2 + 2\,H_2O + 2\,NH_3$$
弱塩基の塩　　強塩基　　　　　　　　　　　　　　弱塩基

NH_3 は有毒な気体なので，換気のよい場所で実験を行う。

固体を加熱するときは，生成した水が加熱部に流れて試験管が破損するおそれがあるので，試験管の口を少し下げておく。

NH_3 は，水に溶けやすく，空気より軽いので，上方置換で捕集する。

□**16.** 解答 ア：②　イ：④

炭酸カルシウムと希塩酸を反応させると，二酸化炭素が発生する。

$$CaCO_3 + 2\,HCl \longrightarrow CaCl_2 + H_2O + CO_2$$
弱酸の塩　　強酸　　　　　　　　　　　　　　弱酸

ふたまた試験管を使うときは，くびれの付いている方に固体試薬を，その反対側に液体試薬を入れる。

気体を発生させるときは，次の**図1**のように試験管を傾け，固体と液体を混ぜる。気体の発生を止めたいときは，**図2**のように試験管を傾けると，くびれ部分で固体が止まり，固体と液体を分離することができる。

希塩酸
炭酸カルシウム
図1

炭酸カルシウム
希塩酸
図2

CO_2 は，水に溶け，空気より重いので，下方置換で捕集する。

《**気体の捕集方法**》
- 水上置換 …… 水に溶けにくい気体。H_2，O_2，N_2 など
- 上方置換 …… 水に溶け，空気より軽い気体。NH_3
- 下方置換 …… 水に溶け，空気より重い気体。CO_2，HCl，Cl_2 など

□**17.** 次の文章中の空欄 ｱ ～ ｳ に当てはまる語，化合物，イオンとして
最も適当なものを，下の① ～ ⑧のうちから一つずつ選べ。

　　 ｱ 色リトマス紙の中央に ｲ の水溶液を1滴たらしたところ，リト
マス紙は変色した。図のように，
このリトマス紙をろ紙の上に置
き，電極に直流電圧をかけた。変
色した部分はしだいに左側にひろ
がった。この変化から， ｳ が
左側へ移動したことがわかる。

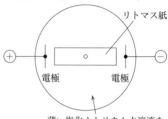

リトマス紙

⊕ 電極　　電極 ⊖

薄い塩化ナトリウム水溶液を
しみ込ませたろ紙

ｱ	① 青	② 赤
ｲ	③ HCl	④ NaOH
ｳ	⑤ H^+	⑥ Cl^-　　⑦ Na^+　　⑧ OH^-

□**18.** 次の文章中の空欄 ｱ ～ ｳ に当てはまる語句として最も適当なもの
を，下の① ～ ⑧のうちから一つずつ選べ。

　　炭素Cの粉末1gと酸化銅
(Ⅱ)CuOの粉末4gをよく混
ぜ，この混合物を図に示した
実験装置を用いて反応が終了
するまで加熱した。発生した
気体を石灰水に通じた。

　　反応後，試験管内に存在す
る固体は ｱ であった。ま
た，石灰水は ｲ 。次に，
試験管内の固体を取り出し，
電気伝導性を調べたところ，電気を ｳ 。

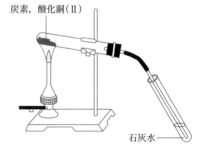

炭素，酸化銅(Ⅱ)

石灰水

ｱ	① 炭素のみ	② 酸化銅(Ⅱ)のみ
	③ 炭素と銅	④ 銅と酸化銅(Ⅱ)
ｲ	⑤ 白濁した	⑥ 変化しなかった
ｳ	⑦ 通した	⑧ 通さなかった

17. 解答 ア：② イ：④ ウ：⑧

HCl 水溶液は，電離により生じた H^+ により，青色リトマス紙を赤色に変色させる。また，NaOH 水溶液は，電離により生じた OH^- により，赤色リトマス紙を青色に変色させる。なお，Cl^-，Na^+ はリトマス紙の変色には無関係である。

直流電圧をかけると，陽イオンは－極へ，陰イオンは＋極へ引きよせられる。変色した部分はしだいに左側（＋極）にひろがったので，リトマス紙を変色させたイオンは，OH^- である。

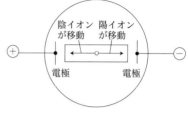

以上より，**ア**：② 赤，**イ**：④ NaOH，**ウ**：⑧ OH^- である。

なお，青色リトマス紙，HCl 水溶液を用いた場合，直流電圧をかけると，H^+ が－極へ引きよせられ，変色した部分はしだいに右側にひろがる。

18. 解答 ア：③ イ：⑤ ウ：⑦

C と CuO の混合物を加熱すると，次の反応が起こる。

$$2\,CuO + C \longrightarrow 2\,Cu + CO_2$$

用いた CuO は $\dfrac{4\ g}{80\ g/mol} = 0.05\ mol$，C は $\dfrac{1\ g}{12\ g/mol} = 0.0833\ mol$ である。CuO と C は物質量比 2：1 で反応するので，反応が終了するまで加熱すると，CuO はすべて反応し，C が残る。

よって，反応後，試験管内に存在する固体は，C と Cu である。また，CO_2 が発生したので，石灰水は白濁する。

$$\underset{\text{石灰水}}{Ca(OH)_2} + CO_2 \longrightarrow \underset{\text{白色沈殿}}{CaCO_3} + H_2O$$

試験管内の固体（C と Cu）を取り出し，電気伝導性を調べると，金属である Cu が存在するため，電気を通す。

19. 図に示すように，シャーレに食塩水で湿らせたろ紙を敷き，この上に表面を磨いた金属板A～Cを並べた。次に，検流計(電流計)の黒端子と白端子をそれぞれ異なる金属板に接触させ，検流計を流れた電流の向きを記録すると，表のようになった。

金属板A～Cの組合せとして最も適当なものを，下の①～⑥のうちから一つ選べ。

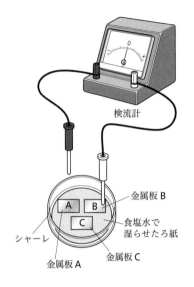

検流計

金属板B

食塩水で湿らせたろ紙

金属板C

金属板A

シャーレ

黒端子側の金属板	白端子側の金属板	検流計を流れた電流の向き
A	B	BからA
B	C	BからC
A	C	AからC

	金属板A	金属板B	金属板C
①	銅	亜 鉛	マグネシウム
②	銅	マグネシウム	亜 鉛
③	マグネシウム	亜 鉛	銅
④	マグネシウム	銅	亜 鉛
⑤	亜 鉛	マグネシウム	銅
⑥	亜 鉛	銅	マグネシウム

イオン化傾向の異なる2種類の金属を電解質の水溶液（電解液）に浸すと，電池になる。

イオン化傾向の大きい金属の方が，陽イオンになりやすい。すなわち，e⁻ を放出して酸化されやすい。**よって，イオン化傾向の大きい方の金属が負極，イオン化傾向の小さい方の金属が正極となる。**

AとB：電流がBからAへ流れたので，Bが正極，Aが負極である。よって，イオン化傾向はA＞Bである。

BとC：電流がBからCへ流れたので，Bが正極，Cが負極である。よって，イオン化傾向はC＞Bである。

AとC：電流がAからCへ流れたので，Aが正極，Cが負極である。よって，イオン化傾向はC＞Aである。

以上より，イオン化傾向はC＞A＞Bである。

選択肢中の金属のイオン化傾向は Mg＞Zn＞Cu なので，Aが Zn，Bが Cu，Cが Mg である。

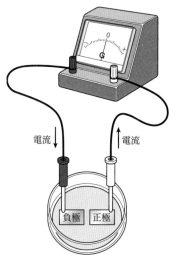

電流　　電流

負極　正極

Ⅳ

実

験

さくいん

あ
か
さ
た
な
は
ま
や
ら
わ

あ
か
さ
た
な
は
ま
や
ら
わ